GAZETA MEDICA DA BAHIA

DISCURSO EMERGENTE PARA DOENÇAS EPIDÊMICAS
NO SÉCULO XIX

Catalogação na Fonte
Elaborado por: Josefina A. S. Guedes
Bibliotecária CRB 9/870

S237g
2024

Santos, Davilene Souza
Gazeta Medica da Bahia: discurso emergente para doenças epidêmicas no século XIX / Davilene Souza Santos. - 1. ed. - Curitiba: Appris, 2024.
117 p. ; 21 cm. - (Ciências sociais. Seção história).

Inclui referências.
ISBN 978-65-250-6045-3

1. Medicina - Bahia. 2. Epidemiologia. 3. Bacteriologia. 4. Ciência - História. 5. Ciência - Periódicos. 6. Análise do discurso. I. Título.

CDD - 610

Livro de acordo com a normalização técnica da ABNT

Appris editora

Editora e Livraria Appris Ltda.
Av. Manoel Ribas, 2265 - Mercês
Curitiba/PR - CEP: 80810-002
Tel. (41) 3156 - 4731
www.editoraappris.com.br

Printed in Brazil
Impresso no Brasil

Davilene Souza Santos

GAZETA MEDICA DA BAHIA

DISCURSO EMERGENTE PARA DOENÇAS EPIDÊMICAS NO SÉCULO XIX

A Clara Helena, filha compreensiva e companheira de todas as horas.

AGRADECIMENTOS

Meus agradecimentos serão para mulheres incríveis que estiveram ao meu lado nessa longa jornada. A primeira delas é minha mãe, Maria Helena Santos (*in memoriam*), que até o seu último suspiro, aos meus 17 anos de idade, acreditou fielmente em um futuro conquistado por meio da educação.

A professora Flávia Goulart M. G. Rosa é uma dessas mulheres, que sendo profissional docente, diretora da Editora Universitária da Universidade Federal da Bahia (Edufba), em 2018, quando a conheci, hoje aposentada, após mais de 40 anos de serviços prestados à instituição, recebeu-me com o mais completo carinho, atenção, acolhimento e companheirismo ao longo do mestrado, que foi finalizado com maestria no prazo de 18 meses e com cinco artigos publicados sempre em coautoria com ela. Depois desses, outras 14 produções científicas se efetivaram no período pandêmico entre 2020 e 2023, sempre juntas e unidas, nos fortalecemos. Sem dúvida, a pesquisadora que tenho me tornado tem uma enorme parcela de contribuição dessa pessoa incrível que ela é. A você, Flávia Rosa, a minha mais sincera gratidão e reconhecimento da sua competência para transformar estudantes iniciantes na pesquisa, como eu, em futuros/as cientistas e pessoas comprometidas com o fazer científico ético.

Já a professora Andréa da Rocha R. P. Barbosa, docente da Universidade Estadual de Feira de Santana, na Bahia (Uefs), segue nessa mesma linha de docentes dedicadas e comprometidas com a ciência e com a formação de discentes por meio da atenção, carinho, compreensão e, acima de tudo, orientações adequadas ao desenvolvimento acadêmico, científico e profissional. Esta obra não seria possível se dela não tivesse recebido todo o incentivo, elogios que me fizeram chorar muitas vezes e pela orientação dispensada no período de elaboração deste livro. A ti, Andréa Barbosa, o meu mais terno agradecimento pelo apoio incondicional para o desenvolvimento desta pesquisa e sua publicação.

Por fim, mas não menos importante, agradeço de forma carinhosa e com muito amor a minha filha, Clara Helena S. M. Alves, que desde muito pequenininha acompanha o desenvolvimento da mãe profissional, estudante e pesquisadora nas labutas do dia a dia com muita compreensão, companheirismo e interesse, pois com ela divido um pouco do que pesquiso como forma de inspirar e despertar sua atenção para a educação e para a ciência, acredito que esteja conseguindo. É uma excelente estudante!

Há duas exceções na questão de gênero desses agradecimentos. A primeira é para Claudionor Alves, companheiro constante na criação e educação de Clara, e no incentivo para o meu desenvolvimento profissional, acadêmico e científico, agradeço.

Ao meu tio Dorgival Lucas, serei sempre grata pelo apoio emocional e financeiro dispensado desde o meu nascimento. Assim, deixo registrada a minha gratidão eterna, pois sem ele a tão perseguida educação teria sido mais difícil de alcançar.

Aos demais que não foram expressamente citados/as, mas que de alguma forma estiveram presentes nessa jornada, sintam-se acarinhados pelas minhas memórias, pois não esqueci e para sempre lembrarei com carinho de cada um de vocês.

Gratidão!

O ser humano é aquilo que a educação faz dele.

(Immanuel Kant)

PREFÁCIO

O livro intitulado *Gazeta Medica da Bahia: discurso emergente para doenças epidêmicas no século XIX*, de autoria da pesquisadora Davilene Souza Santos, é resultado de uma diligente pesquisa historiográfica sobre a *Gazeta Medica da Bahia*, focando no campo da História Social da Cultura e nos subcampos da História da Ciência e história das doenças. Ao enfatizar os aspectos políticos e econômicos que retardaram os avanços da medicina baiana nos estudos de algumas doenças epidêmicas, o livro dialoga diretamente com a história social, posto que "[...] na história social da cultura o social atua como um recorte capaz de comportar os desvios culturais, enquanto a história cultural do social parte da cultura – tida como uma construção de significados comuns - para operar as mais diversas orientações culturais"[1].

É, igualmente, um texto de extrema relevância para a historiografia baiana. Por meio de uma análise cuidadosa dos discursos presentes na *Gazeta* e circulados entre 1850 e 1900, permite-nos refletir sobre as dificuldades enfrentadas por alguns médicos, em particular, os de origem estrangeira que ali atuavam, em institucionalizar uma medicina experimental e assim lutar contra as doenças epidêmicas que assolavam o país, como a febre amarela e a cólera. Esses médicos ficaram conhecidos como fundadores de uma "Escola Tropicalista Baiana".

Na contramão das teses até então defendidas, que destacam o pioneirismo do médico Oswaldo Cruz na fundação de uma medicina experimental, o livro busca demonstrar os inúmeros esforços empreendidos por alguns médicos, em pleno século XIX, para implementar um instituto bacteriológico na Bahia. Essas tentativas, entretanto, teriam sido frustradas pela falta de incentivo econômico

---

[1] SILVA, Ribamar Nogueira da Silva. A História Social da Cultura e a história cultural do Social: aproximações e possibilidades na pesquisa histórica em Educação. *Cadernos de História da Educação*, v. 9, n. 2, p. 465-476, jul./dez. 2010.

para a criação desse instituto no estado, isso em 1894, e pela disputa e intolerância dos médicos que representavam o legislativo baiano em relação aos doutores estrangeiros que ali atuaram e criaram a *Gazeta Medica da Bahia*, revista de fundamental importância para divulgação de pesquisas médicas no plano nacional e internacional.

Assim, a autora adota o método qualitativo, a análise de discurso[2] e o conceito de campo científico de Bourdieu[3] para investigar os discursos médicos apresentados no periódico sobre as doenças epidêmicas. Por conseguinte, a pesquisadora, com o intuito de acessar as fontes, recorre aos seguintes acervos: Índice Cumulativo da *Gazeta*[4] e ao trabalho de pesquisa e recuperação dos artigos desta[5], com a respectiva disponibilização dos arquivos em formato digital no endereço eletrônico do periódico.

A partir do diálogo entre essas fontes e uma extensa bibliografia sobre história da medicina, história das doenças, "Escola Tropicalista Baiana", além da vida e obra de Oswaldo Cruz, a autora construiu uma narrativa dissertativa dividida em quatro capítulos perfeitamente sequenciados e com uma linguagem leve e agradável, apesar de trabalhar um com tema que exige um diálogo com termos específicos da área médica.

O livro está estruturado em quatro capítulos. O primeiro e o segundo (Introdução e Percurso da pesquisa) apresentam os objetivos do estudo, o ineditismo e os caminhos que desenvolveu para analisar os discursos que circularam no periódico entre 1850 e 1900. O terceiro, mais específico, "Doenças epidêmicas da segunda metade do século XIX", aborda as reflexões dos médicos sobre a febre amarela e cólera que circularam naquele período no Brasil e na Bahia, demonstrando a originalidade da sua pesquisa.

---

2 ORLANDI, Eni P. *Análise de discurso*: princípios e procedimentos. Campinas, SP: Pontes Editores, 2015.

3 BOURDIEU, Pierre. *Para uma Sociologia da Ciência*. Lisboa, Portugal: Edições 70, 2004.

4 SANT'ANNA, Eurydice Pires de; TEIXEIRA, Rodolfo. *Gazeta Medica da Bahia*: Índice Cumulativo 1866-1976. Salvador: Faculdade de Medicina e Farmácia, 1984.

5 BASTIANELLI, Luciana (Compilação e pesquisa). *Gazeta Medica da Bahia (1866-1934/ 1966-1976)*. Salvador: Edições Contexto, 2002.

Por fim, temos o quarto e belíssimo capítulo "Bases da medicina experimental brasileira do século XX", no qual a pesquisadora explora a hipótese de seu trabalho — a existência de médicos baianos e estrangeiros que aturaram na Bahia, já na segunda metade do século XIX, em busca da construção de uma medicina experimental. E, se não bastasse esse aspecto para demonstrar a contribuição da autora nos subcampos da história da ciência e da medicina, a pesquisadora desenvolve uma biografia social do Dr. Joaquim dos Remédios Monteiro, "médico de origem indiana que trabalhou pela higiene pública, incentivou o desenvolvimento de pesquisas em torno da tuberculose e participou da vida política baiana como vereador na cidade de Feira de Santana, na Bahia"[6]. Dessa forma, é inegável o valor, a contribuição e o caráter inovador deste livro tanto para esses subcampos como para a historiografia baiana.

Professora doutora Andréa da Rocha Rodrigues Pereira Barbosa

Departamento de Filosofia e Ciências Humanas da Universidade Estadual de Feira de Santana (BA)

[6] SANTOS. *Gazeta Medica* da Bahia: discurso emergente para doenças epidêmicas no século XIX. No prelo.

APRESENTAÇÃO

O livro analisa o discurso médico em torno de doenças epidêmicas no período de 1850 a 1900, de alguns doutores de origem estrangeira e nacional, radicados na Bahia, por meio do *Gazeta Medica da Bahia* (GMB). Pouco estudados no âmbito acadêmico e científico, contribuíram com o debate sobre a febre amarela, cólera morbus e tuberculose. Pontua-se que a institucionalização da medicina experimental brasileira, apresenta-se na literatura científica como ocorrida oficialmente no raiar do século XX com a participação de médicos inseridos no contexto do Rio de Janeiro. Nesta pesquisa, apresento uma perspectiva epistemológica que transcende essa compreensão, ao apontar a existência de um grupo de médicos, de origem estrangeira em sua essência, que constituíram um estilo de pensamento divergente do encontrado no Brasil na primeira metade do século XIX. Conhecidos como fundadores de uma "Escola Tropicalista Bahiana", os doutores que atuaram naquela província e criaram o periódico científico *Gazeta Medica da Bahia*, buscaram identificar as causas de algumas enfermidades por meio da análise observacional do corpo moribundo. Desse modo, despontaram como um dos grupos médicos mais reconhecidos no Brasil e no exterior, elevando o nome da Bahia e do país a nações europeias. Assim, percebe-se uma mudança de concepção acerca do ensino médico que até então vigorava nas Faculdades de Medicina da Bahia e do Rio de Janeiro, constituído de forma retórica, livresca e com a presença mínima da prática médica. Esta pesquisa se apresenta de natureza aplicada e adota uma abordagem qualitativa de análise, tendo como fonte para a investigação a GMB. O periódico criado por esse grupo de médicos, contava com o Dr. Otto Edward Henry Wucherer, de origem germânica, descobridor do agente etiológico da Filariose, e que teve o seu nome atribuído à espécie do parasita, vindo a ser denominado de Wuchereria Brancoft. A tríade formadora desse coletivo de pensamento médico experimental se completava com o Dr. John Ligerthood Paterson, de origem inglesa e o Dr. José Francisco da Silva Lima, de origem portuguesa. Os dois primeiros exerceram um papel fundamental nas epidemias de febre amarela e cólera morbus, entre os anos de 1849 e 1856, além de outras contribuições. O terceiro, único deles formado pela Faculdade da Bahia, contribuiu com estudos a respeito de diversas enfermidades como o beribéri e ainhum, porém uma das funções mais relevantes desse médico foi manter ativa a luta por melhorias nas condições de estudo e pesquisa na área da doença e saúde na Bahia. Atuou como um aglutinador e catalisador das causas da medicina baiana, divulgador das descobertas em torno da tuberculose e buscou constituir um "Instituto Bacteriologico no Estado da Bahia" a partir da década de 1870, sem êxito. Uma instituição dessa natureza teria contribuído para os avanços das pesquisas em andamento que careciam de equipamentos mais adequados e recursos humanos capacitados para as novas perspectivas investigativas que se desenvolveram de fato no Rio de Janeiro. Outro personagem que se destaca neste livro é o Dr. Joaquim dos Remédios Monteiro. Médico brasileiro ainda pouco estudado, que se mudou de Santa Catarina para Salvador em 1875 e em seguida transferiu-se para a cidade de Feira de Santana, no interior da Bahia, local no qual constituiu uma vida pública na política, mas também permaneceu na luta pela medicina e saúde. Como redator da GMB, contribuiu com diversos artigos a respeito da tuberculose, com críticas ao pouco avanço na investigação da doença no Brasil. Escreveu sobre as teorias pasteurianas e ensaiou uma discussão sobre vacinas, antes da institucionalização da medicina experimental no país. Assim, este estudo buscou demonstrar por meio da análise de discurso de alguns médicos, autores e redatores da GMB, como a medicina baiana estava atenta e participativa no contexto da experimentação. Nota-se a presença de médicos baianos na equipe do Dr. Oswaldo Cruz, como o Dr. Clementino Fraga, que chegou a publicar na *Gazeta* no século XX e declarou admiração pelo trabalho desenvolvido pelo Dr. Pacífico Pereira, o único estudante de Medicina que compunha o grupo fundador do periódico, e que veio a tornar-se professor da Faculdade de Medicina da Bahia tendo permanecido na direção da GMB por quase 50 anos até 1922. Evidencia-se que o Dr. Oswaldo

Cruz, para além de outros textos nacionais e estrangeiros, possuía em sua biblioteca, que depois constituiu o acervo da Biblioteca de Ciências Biomédicas da Fiocruz, a coleção da *Gazeta Medica da Bahia*. Esse fato demonstra que o médico teve acesso ao discurso circulado no periódico. Desse modo, argumento e concluo que a falta de investimento financeiro e apoio político contribuíram para que a Bahia não alcançasse o progresso científico semelhante ao que se evidenciou no século XX e ainda se destaca no século XXI, tanto no estado do Rio de Janeiro, com a Fundação Oswaldo Cruz (Fiocruz), assim como em São Paulo com o Instituto Butantan.

Davilene Souza Santos

LISTA DE SIGLAS E ABREVIATURAS

AIM	Academia Imperial de Medicina
Fameb	Faculdade de Medicina da Bahia
Fiocruz	Fundação Oswaldo Cruz
GMB	*Gazeta Medica da Bahia*

SUMÁRIO

1

INTRODUÇÃO

A Bahia e o Brasil presenciaram no limiar da segunda metade do século XIX, a maior epidemia de febre amarela da História do país. Além dessa, outras epidemias foram evidenciadas no mesmo período, como a cólera morbus entre os anos de 1855 e 1856, que se alastrou de forma violenta, devastando a população local em números avassaladores[7].

A emergência na contenção dessas doenças levou diversos médicos a disporem de esforços para a identificação, cura e prevenção daqueles males que assolavam a população. A literatura científica apresenta a medicina exercida na Corte Imperial, por médicos associados à Academia Imperial de Medicina (AIM), com certo protagonismo nessa questão.

Desse modo, a institucionalização da medicina experimental, que possibilitou identificar o agente transmissor da febre amarela e a elaboração de vacinas, já no século XX, tem o seu marco científico junto à Instituição de Oswaldo Cruz, no Rio de Janeiro[8]. Diante disso,

---

[7] BECHIMOL, Jayme Larry. *Dos micróbios aos mosquitos*: febre amarela e a revolução pasteuriana no Brasil. Rio de Janeiro: Fiocruz; UFRJ, 1999; *Idem*. *Febre amarela, a doença e a vacina, uma história inacabada*. Rio de Janeiro: Fiocruz; UFRJ, 2001; COOPER, Donald B. Brazil's long fight against epidemic diseases, 1849-1917, with special emphasis on yellow fever. *Bulletin of the New York Academy of Medicine*, New York, v. 51, n. 5, p. 672-696, May 1975; *Idem*. The New "Black Death": Cholera in Brazil, 1855-1856. *Social Science History*, v. 10, n. 4, p. 467-488, 1986; DAVID, Onildo Reis. *O inimigo invisível*: epidemia na Bahia no século XIX. Salvador: Edufba, 1996; FRANCO, Odair. *História da febre amarela no Brasil*. Rio de janeiro: GB, 1969; MATTOSO, Kátia M. de Queirós; ATHAYDE, Johildo de. Epidemias e flutuações de preços na Bahia no século XIX. *In*: *L'histoire quantitative du Brésil, 1800-1930*. Paris, França: Centre National de la Recherche Scientifique (CNRS), 1973; REGO, José Pereira. *História e descrição da febre amarela epidêmica que grassou no Rio de Janeiro em 1850*. São Paulo: Chão editora, 2020.

[8] STEPAN, Nancy. *Gênese e Evolução da Ciência Brasileira*: Oswaldo Cruz e a Política de investigação Científica e Médica. Rio de Janeiro: Artenova, 1976; SCHWARTZMANN, Simon. *Formação da comunidade científica*. São Paulo: Ed. Nacional, 1979.

mobilizamos Ferreira[9] para o tratamento dessa questão, visto que pesquisa a perspectiva dos periódicos na constituição da ciência no Brasil. Assim, o autor nota que:

> É provável que os trabalhos clássicos sobre a institucionalização da ciência, notadamente o de Nancy Stepan (1976) e o de Simon Schwartzman (1979), tenham conferido pouca atenção ao papel dos periódicos médicos porque privilegiaram o estudo da ciência brasileira no seu estágio profissional[10].

Destaca ainda, que "Eles estudaram o momento em que as atividades científicas alcançam, certa autonomia institucional e intelectual com relação às atividades profissionais relacionadas diretamente à medicina". Ademais, Ferreira[11] infere que para Stepan, "[...] a institucionalização da medicina experimental significou a superação de uma *forte tradição clínica* que diminuía o interesse dos médicos pela pesquisa científica"[12].

Nesse sentido, o pesquisador[13] destaca que "Os estudos recentes [década de 1990] sobre a institucionalização da medicina experimental no Brasil relativizam a interpretação dada por Stepan", que se caracteriza pela adoção de um:

> [...] ponto de rompimento identificado pela autora [que] foi a criação, no Rio de Janeiro, entre 1903 e 1909, de um centro de pesquisa médica experimental dirigido pelo médico Oswaldo Cruz. A fundação do Instituto de Manguinhos é considerada pela autora como o marco zero da institucionalização da ciência no Brasil[14].

---

9 FERREIRA, Luiz Otávio. *O nascimento de uma instituição científica*: o periódico médico brasileiro da primeira metade do século XIX. 1996. Tese (Doutorado em História) – Faculdade de Filosofia, Letras e Ciências Sociais, Universidade de São Paulo, Universidade de São Paulo, São Paulo, 1996. Disponível em: https://www.arca.fiocruz.br/handle/icict/26436. Acesso em: 9 abr. 2023.

10 *Ibidem*, p. 1-2.

11 *Ibidem*, p. 2..

12 *Ibidem*..

13 *Ibidem*.

14 *Ibidem*.

Além disso, o autor[15] destaca

> [...] que as primeiras formas modernas de organização da ciência foram as sociedades, as academias e os periódicos, e que somente no final do século XIX o instituto de pesquisa surgiria como instituição científica com característica próprias.

Nesse sentido, dando ênfase aos primeiros estudos realizados a respeito dos periódicos do Brasil, Ferreira cita o trabalho de Julyan Peard[16]. Dessa forma, aponta que a pesquisadora

> [...] examina a história intelectual e institucional da chamada Escola Tropicalista Baiana (ETB), grupo científico que a autora considera a primeira comunidade médico-científica brasileiro do século XIX[17].

Assim, o objetivo desta pesquisa é analisar o discurso e as contribuições de médicos de outras regiões do Brasil, em especial da Bahia, que tenham investido no debate em torno das epidemias que se alastraram pelo país em meados do século XIX, entre 1850 e 1900. Para isso, adota-se a *Gazeta Medica da Bahia*, canal de comunicação criado em 1866, e o levantamento bibliográfico e documental como fontes da investigação, que subsidiará o estudo nas mais diversas instâncias.

Para atender ao propósito, um dos objetivos específicos perpassa por analisar o período que se identifica o maior surto de febre amarela do país, meses finais do ano de 1849, sinalizado na literatura como iniciado na província da Bahia. Dessa forma, busco verificar qual a participação dos médicos locais para a sua identificação, prevenção e cura. Para tanto, o estudo verifica a perspectiva médica daquele período, tanto na Bahia quanto no Rio de Janeiro, visto que a epidemia se alastrou de forma agressiva em ambas as províncias, potencializada por diversos fatores políticos, sociais, culturais e comerciais.

---

[15] *Ibidem*, p. 3.

[16] PEARD, Julyan G. *The Tropicalist School of Medicine of Bahia, Brazil, 1860 - 1889.* (Tese) Columbia University, 1990.

[17] FERREIRA, 1996, p. 3.

Nesse sentido, o primeiro capítulo da pesquisa trata desta introdução e o segundo apresenta o percurso investigativo para sua realização. No terceiro capítulo, passo a discorrer a respeito da identificação da febre amarela na Bahia, tratada e pesquisada por um contingente médico local de origem estrangeira.

Para contemplar o segundo objetivo específico deste trabalho, que investe na verificação e análise do discurso médico da época, tem-se como fonte basilar e empírica da investigação a *Gazeta Medica da Bahia* (GMB). O periódico apresenta artigos que demonstram a participação dos médicos daquela localidade nas discussões em torno da epidemia de febre amarela e cólera morbus, doenças epidêmicas de potencial significativo de mortandade, além de abordar alguns debates nacionais e internacionais a respeito da tuberculose, essas duas últimas enfermidades de ocorrência bacteriológica.

No que compete aos periódicos científicos, Ferreira[18] aponta que "[...] a criação [destes] foi uma prática comum entre os mais importantes grupos ou movimentos médicos brasileiros do século [XIX]". Assim, o pesquisador argumenta "[...] que os periódicos médicos brasileiros do século XIX funcionaram como instituições típicas de uma fase específica da institucionalização da ciência no Brasil". Acrescenta, portanto, que

> Eles foram o modelo de organização social assumida pelos grupos médicos empenhados na legitimação social e na produção efetiva de conhecimento científico, no momento em que a ciência não era ainda uma atividade altamente profissionalizada[19].

Dessa forma, o quarto capítulo ancora-se na GMB para analisar alguns artigos publicados entre os anos de 1866 e 1900, perfazendo os primeiros 34 anos de publicação da revista no século XIX. Por meio de uma abordagem qualitativa de análise, pretendo identificar como um grupo de médicos estrangeiros protagonizou de forma incipiente, as investigações acerca dos agentes etiológicos de algumas

18 FERREIRA, 1996, p. 1-2.

19 *Ibidem*.

doenças e avançaram nas discussões sobre as epidemias. Desse modo, investiram na observação do corpo humano, do meio ambiente e do clima local, e adotaram como lócus da prática médica e científica o Hospital da Santa Casa de Misericórdia da Bahia, destinado a essa experimentação[20].

Conhecidos como formadores de uma "Escola Tropicalista Bahiana", termo cunhado por Coni[21], o grupo de médicos que criou a *Gazeta Medica Bahia* apresenta reconhecimento nacional e internacional de uma parcela significativa da comunidade científica dos séculos XX e XXI. No entanto, o protagonismo do marco da medicina experimental no Brasil encontra na figura de Oswaldo Cruz, e instituição de mesmo nome, o pioneirismo da ascensão da medicina teórica para uma medicina científica no país[22].

A investigação revela que diversos agentes inseridos nessa constituição da medicina experimental podem ter contribuído com os seus estudos ulteriores. A análise dos textos publicados apresenta diversas passagens que podem ter auxiliado o desenvolvimento mais robusto da medicina experimental, evidenciada nos primeiros anos século XX. Dessa forma, o que sugiro com este estudo é a inclusão da Bahia no cenário científico nacional como protagonista em potencial do desenvolvimento da medicina experimental brasileira.

Por outro lado, a investigação sustenta-se com base em evidências que apontam a ausência e negativa de investimento para a criação de um Instituto Bacteriológico na Bahia, na década de 1890, conforme denunciado em publicações da GMB. A justificativa infundada dos representantes médicos no legislativo baiano foi de que não havia necessidade da inserção de médicos estrangeiros para atuarem nessa perspectiva educacional frente à competência e à oferta de curso dessa natureza na Faculdade de Medicina da Bahia (Fameb). Desse modo, verifica-se no discurso político que os médicos estrangeiros

---

[20] FOUCAULT, Michel. *O Nascimento da Clínica*. Tradução de Roberto Machado. 7. ed. Rio de Janeiro: Editora Forense, 2021.

[21] CONI, Antônio Caldas. *A Escola Tropicalista Bahiana*: Paterson, Wucherer, Silva Lima. Bahia: Tipografia Beneditina Ltda, 1952.

[22] BRITTO, Nara. *Oswaldo Cruz*: a construção de um mito na ciência. Rio de Janeiro: Fiocruz, 1995.

não eram tão bem-vindos na Bahia quanto em outras partes do país, em particular no que compete aos aspectos científicos e de ampliação do conhecimento, a exemplo de São Paulo e de outras partes do mundo com intenso intercâmbio cultural[23].

A literatura científica, quando menciona a Bahia, por ocasião da maior epidemia de febre amarela do século XIX, o faz com referência a sua disseminação ter sido originada daquela província para a Corte Imperial, no Rio de Janeiro. Por outro lado, o protagonismo do combate ao agente vetor e etiológico da doença, bem como a constituição da produção de vacinas e sua aplicação, dentro de uma perspectiva da época, recaem sobre as pesquisas desenvolvidas no Rio de Janeiro, pela equipe do médico Oswaldo Cruz[24].

Dessa forma, a pesquisa visa demonstrar que na Bahia também foram realizados estudos e investigações com o objetivo de apresentar soluções para a febre amarela e demais doenças epidêmicas, em particular pelo Dr. John Paterson, um dos fundadores da GMB e de origem inglesa. Nesse sentido, a hipótese fundamental desta pesquisa perpassa por levantar a evidenciada crítica aos médicos estrangeiros, em razão da sua origem, e demonstrar a inexistência de apoio institucional no que compete ao avanço das pesquisas desenvolvidas por aqueles médicos facultativos, ou seja, clínicos sem ligação direta com instituições médicas ou de ensino oficial, que atuavam de forma particular, em geral para a comunidade compatriota em estabelecimentos e hospitais próprios ou de caridade.

Por outro lado, busco ampliar a visibilidade das formações discursivas que orbitaram a questão da Higiene Pública e a Reforma do Ensino Médico. Essas temáticas apresentam relação direta, de forma transversal, com as enfermidades abordadas e com a questão da ausência de um programa de base científica sólida na Bahia na

[23] *GAZETA MEDICA DA BAHIA*. Creação de um Instituto Bacteriologico no Estado da Bahia. Salvador, anno 25, n. 12, 1894. p. 531-540.

[24] BRITTO, Nara. *Oswaldo Cruz*: a construção de um mito na ciência. Rio de Janeiro: Fiocruz, 1995.

segunda metade do século XIX, defendida por alguns pesquisadores como ponto crucial para o desenvolvimento[25].

Ademais, as evidências demonstram a falta de apoio governamental, representada pela figura do Imperador, que apresentava maior aproximação com a Faculdade de Medicina do Rio de Janeiro e as demais instituições científicas situadas na Corte Imperial. Esse fato levou à ausência de um amparo institucional no que compete à Faculdade de Medicina da Bahia (Fameb), que contribuiu para que a medicina baiana exercida pelos médicos, atualmente considerados tropicalistas, fosse apresentada de forma não oficial ou institucionalizada. Assim, aponto que esses fatores prejudicaram a compreensão dos pesquisadores contemporâneos, no que compete às contribuições perenes dos médicos da Bahia para o desenvolvimento da medicina brasileira[26].

Para o desenvolvimento da pesquisa, recorro à Análise de Discurso[27] de filiação pecheutiana como subsídio investigativo, adotando como base a pesquisadora Eni Orlandi, que trata dessa perspectiva de modo amplo, em uma abordagem histórica e social do discurso. Desse modo, busco compreender o discurso médico presente na GMB para as temáticas elencadas, seja das enfermidades epidêmicas ou demais assuntos correlatos, alicerçada pela Sociologia da Ciência que sustenta o conceito de campo científico bourdieusiana[28]. Essa relação com a Sociologia da Ciência se apresenta oportuna em virtude da identificação de aspectos sócio-políticos que se apresentam no seio das discussões levantadas na GMB. Os dados sugerem uma disputa no campo científico, seja em denúncias à falta de apoio polí-

---

[25] EDLER, Flávio. A medicina brasileira no século XIX: un balanço historiográfico. *Revista Asclepio*, v. 50, n. 2, p. 169-186, 1998; *Idem*. A Escola Tropicalista Baiana: um mito de origem da medicina tropical no Brasil. FIOCRUZ. *Revista História, Ciência, Saúde – Manguinhos*, Rio de Janeiro, v. 9, n. 2, 2002; *Idem. A Medicina no Brasil Imperial*: clima, parasitas e patologia tropical. Rio de Janeiro: Fiocruz, 2011; STEPAN, Nancy. *Gênese e Evolução da Ciência Brasileira*: Oswaldo Cruz e a Política de investigação Científica e Médica. Rio de Janeiro: Artenova, 1976.

[26] PEARD, Julyan G. *Race, Place, and Medicine*: The Idea of the Tropics in NineteenthCentury Brazilian Medicine. London: London Duke University Press, 1999.

[27] ORLANDI, Eni P. *Análise de discurso*: princípios e procedimentos. Campinas, SP: Pontes Editores, 2015.

[28] BOURDIEU, Pierre. *Para uma Sociologia da Ciência*. Lisboa, Portugal: Edições 70, 2004.

tico para a criação do Instituto de Bacteriologia da Bahia[29], como na efetivação da reforma do ensino médico da década de 1880, executada com maior celeridade na Faculdade do Rio de Janeiro do que na Faculdade da Bahia[30].

Desse modo, a pesquisa aponta para questões relativas ao desenvolvimento da bacteriologia em âmbito internacional e nacional, e destaca os discursos advindos do interior da Bahia por meio da contribuição do Dr. Joaquim dos Remédios Monteiro. De origem indiana e com passagens por localidades como o Rio de Janeiro e Santa Catarina, o Dr. Monteiro contribuiu de forma significativa para os debates em torno da higiene pública, vacina, teoria dos germes de Louis Pasteur e a respeito da tuberculose.

Por fim, esta investigação apresenta algumas das contribuições e debates originados na Bahia em torno da bacteriologia. Ademais, aponto temas relevantes discutidos na esfera baiana que sustenta o desenvolvimento para a medicina brasileira, que não se restringe à Medicina Legal, conforme aponta uma parte da historiografia nacional e internacional.

[29] *GAZETA MEDICA DA BAHIA*. Creação de um Instituto Bacteriologico no Estado da Bahia. Salvador, anno 25, n. 12, 1894. p. 531-540.

[30] PEREIRA, Antonio Pacífico. As reformas do Ensino Medico no Brazil. *Gazeta Medica da Bahia*, Salvador, anno 15, n. 7; 9 e 12, 1884, p. 305-312; 401-4017; 545-450.

2

PERCURSO DA PESQUISA

Para o desenvolvimento desta investigação, foi adotada uma abordagem qualitativa, por meio de uma amostragem do universo de publicações, com a seleção de alguns artigos significativos que figuraram as páginas da GMB no período cronológico selecionado, entre 1866 e 1900. Assim, foi recuperado um total que ultrapassa três centenas de comunicações existentes que versam a respeito da febre amarela, cólera morbus e tuberculose, enquanto doenças epidêmicas, assim como aspectos ligados ao papel da Higiene Pública no combate à proliferação da enfermidade e a Reforma do Ensino Médico. Por essa razão, a pesquisa concentrar-se-á no exame qualitativo do discurso médico e político adotado no período, que permita compreender os debates em torno dessas temáticas de forma abrangente.

O período da análise se concentra nos primeiros 34 anos de circulação da GMB, entre 1866 e 1900, de modo a contemplar a circulação do periódico e os episódios médicos, políticos, sociais, culturais e educacionais ocorridos na segunda metade do século XIX. Essa periodicidade demonstra, em seus primeiros anos, um represamento de publicação acerca das investigações realizadas na época da eclosão das epidemias de febre amarela e cólera morbus, período no qual a *Gazeta Medica da Bahia* ainda não existia.

O procedimento adotado parte do levantamento qualitativo de alguns artigos elegíveis. Na sequência, realiza-se a análise efetiva de forma geral e específica, objetivando identificar traços linguísticos e socio-históricos que expressem a contribuição dos médicos tropicalistas da Bahia no desenvolvimento da medicina experimental no Brasil. Vale ressaltar que a recuperação dos dados em uma primeira instância foi realizada na obra intitulada "*Gazeta Medica da Bahia:*

Índice Cumulativo 1866-1976"[31], publicada por ocasião do XX Congresso da Sociedade Brasileira de Medicina Tropical e I Congresso da Sociedade Latino-Americana de Medicina Tropical.

Sistematicamente, a recuperação dos artigos contou com a colaboração de duas fontes: o Índice Cumulativo e o trabalho de pesquisa e recuperação dos artigos da GMB desenvolvidos por Bastianelli[32], com a respectiva disponibilização dos arquivos em formato impresso e digital, primeiramente no suporte CD-ROM, próprio da época, e em seguida no endereço eletrônico do periódico[33]. A união dessas fontes permitiu um cruzamento de dados substanciais que ampliou a recuperação dos artigos de maneira rápida e consistente.

As publicações científicas que sustentam essa análise perpassam por diversas comunicações de médicos baianos, estrangeiros radicados na Bahia, do núcleo fundador da GMB. Assim como médicos brasileiros de outras províncias e artigos de alguns doutores estrangeiros que consubstanciaram o desenvolvimento das pesquisas realizadas na Bahia. No entanto, pontuo que, apesar do percurso investigativo informar a recuperação de um quantitativo de mais de 300 artigos publicados dentro dos temas elencados, como febre amarela, cólera morbus, tuberculose, Higiene Pública e Reforma do Ensino Médico, no período selecionado, esta pesquisa utiliza uma amostra representativa para uma análise por meio da abordagem qualitativa, de modo a contemplar cada um dos temas.

Destaco que essa amostra definida como artigos, refere-se às entradas listadas no "Índice Cumulativo" que serviu de base para o levantamento em uma primeira ação analítica. Saliento que cada entrada, notação numérica especificada e ordenada na obra, pode incluir mais de um artigo, distribuído em outros números e páginas não sequenciais do periódico. Desse modo, as apresentações dos

---

[31] SANT'ANNA, Eurydice Pires de; TEIXEIRA, Rodolfo. *Gazeta Medica da Bahia*: Índice Cumulativo 1866-1976. Salvador: Faculdade de Medicina e Farmácia, 1984.

[32] BASTIANELLI, Luciana (Compilação e pesquisa). *Gazeta Medica da Bahia (1866-1934/ 1966-1976)*. Salvador: Edições Contexto, 2002.

[33] GAZETA MEDICA DA BAHIA. Salvador, 1866 a 1976. Disponível em: https://gmbahia.ufba.br/index.php/gmbahia. Acesso em: 18 nov. 2023.

artigos se desdobram em outros artigos do mesmo autor e tema discutido, a exemplo dos textos produzidos em 1884, pelo Dr. Antonio Pacífico Pereira a respeito da "Reforma do Ensino Medico no Brazil"[34].

Dessa maneira, um conjunto de textos que trata de comunicações direcionadas "Aos Médicos Deputados" baianos, publicados em 1877 na *Gazeta*[35], encontra-se nesse formato de distribuição. Esses artigos visavam debater, para além das reformas sanitárias e o ensino médico, também as questões relacionadas às perspectivas de criação de uma instituição voltada ao desenvolvimento da ciência na Bahia.

Em razão da extensão discursiva, das reivindicações e das necessidades que emergiram, esse debate foi publicado em sete partes, distribuídas em alguns números do ano nove da GMB. Desses, foram recuperados nesta pesquisa cinco fragmentos, permanecendo ausentes as partes dois e seis.

Posteriormente, esse debate foi referenciado em um artigo da *Gazeta* de 1894, intitulado "Creação de um Instituto Bacteriologico no Estado da Bahia", fazendo-se alusão ao longo período de solicitações que continuavam a ser negadas pelo legislativo local. Contudo, exatamente as páginas 49 e 50, mencionadas no artigo, referem-se à parte dois, não localizada na compilação de Bastianelli[36] e também ainda não recuperada no percurso desta pesquisa no formato impresso.

Já o tema relacionado à "Vacina", tratado pelo Dr. Joaquim dos Remédios Monteiro em 1877, divide-se em quatro partes, de modo a atender à amplitude do assunto. Por outro lado, a comunicação que discute a doutrina de Louis Pasteur, foi discutida pelo mesmo médico, em 1882 e 1883, sob o título "Pasteur e as suas doutrinas". Para essas análises, o autor utilizou múltiplas publicações, que compreendem sete partes entre os dois anos citados.

---

[34] PEREIRA, Antonio Pacífico. As reformas do Ensino Medico no Brazil. *Gazeta Medica da Bahia*, Salvador, anno 15, n. 7; 9 e 12, 1884, p. 305-312; 401-4017; 545-450.

[35] GAZETA MEDICA DA BAHIA. *Aos Médicos Deputados*: Reformas necessárias á legislação sanitária, e ao ensino medico. Salvador, anno 9, n. 1 a 7, 1877.

[36] BASTIANELLI, 2002.

Observa-se, portanto, que as entradas fazem referência a fragmentos de artigos do mesmo autor, publicados no periódico em um mesmo ano-volume ou não, que segue uma perspectiva de investigação em assunto similar ou de continuidade da abordagem anteriormente realizada. Outro exemplo desse fato ocorre com as investigações do Dr. Gomes[37], que devido ao represamento das investigações em sua fase de publicação, há diversas menções ao tema da febre amarela e cólera fragmentado no primeiro ano da revista.

O "Índice *Cumulativo*" da *Gazeta Medica da Bahia* se apresenta como uma fonte significativa de acesso aos títulos dos artigos publicados no periódico. Esse suporte reflete de forma organizada e concreta as investigações circuladas pela revista. No entanto, faz-se necessário adentrar na recuperação dos artigos em formato *Portable Document Format* (PDF), originários por meio do projeto desenvolvido por Luciana Bastianelli em 2002, para ter acesso aos textos completos dos artigos e a consequente análise de discurso. Atualmente os arquivos com os artigos em formato digital, recuperados pelo projeto mencionado, estão disponibilizados no espaço virtual, conforme já destacado, sob a responsabilidade da Faculdade de Medicina da Bahia, na Universidade Federal da Bahia.

---

37 GOMES, B. A. As epidemias nos asylos da ajuda dos orphãos das victimas da febre amarella e cholera-morbus nos annos de 1860-1864. *Gazeta Medica da Bahia*, anno 1, n. 6; 7; 9, 1867.

3

DOENÇAS EPIDÊMICAS DA SEGUNDA METADE DO SÉCULO XIX

A febre amarela reaparece no Brasil em meados do século XIX, após décadas do seu último surgimento, ainda no século XVIII. Entretanto esse reaparecimento encontra um ambiente fértil à propagação e se alastra por diversas províncias do país de forma rápida e avassaladora. De acordo com a literatura científica, o primeiro episódio de identificação da doença no século XIX, deu-se na província da Bahia, em setembro de 1849[38].

Nesse sentido, investiga-se como o surgimento da doença se configurou em termos de identificação da moléstia, e a participação de alguns médicos nesse processo, seja na Bahia ou na Corte Imperial, na assistência aos doentes e propostas de redução da mortandade apresentada. Por outro lado, visa compreender o entendimento da classe médica acerca da medicina mais voltada à observação dos corpos e do ambiente naquela época, de modo a recuperar evidências que incluam os médicos radicados na Bahia como protagonistas da concepção médica experimental, em uma perspectiva historiográfica para a institucionalização da medicina brasileira[39], considerada por uma parcela da comunidade científica, como iniciada no século XX[40].

O estudo e prática médica desenvolvidos nas primeiras décadas do século XIX no Brasil, possibilitados pela chegada da Família Real Portuguesa em 1808 e a criação de duas Escolas de Cirurgia, uma na Bahia e outra no Rio de Janeiro, no mesmo ano, apresentavam uma

---

[38] BECHIMOL, 1999, 2001; COOPER, 1975, 1986; DAVID, 1996; FRANCO, 1969; MATTOSO, 1973; REGO, 2020.

[39] BRAGA, Douglas de Araújo Ramos. A institucionalização da Medicina no Brasil Imperial: uma discussão historiográfica. *Revista Temporalidades*, Belo Horizonte, v. 10, n. 1, 2018.

[40] STEPAN, 1976; SCHWARTZMANN, 1979.

perspectiva teórica acentuada, valendo-se de compêndios franceses para o exercício da medicina. Desse modo, a Academia Imperial de Medicina (AIM), criada nesses moldes, possuía membros que entendiam a medicina e algumas das enfermidades como próprias dos trópicos, do clima e do ambiente[41].

Nessa perspectiva é que se insere a epidemia de febre amarela, ocorrida a partir do ano de 1849. Em primeira instância, buscou-se a negação da ocorrência da doença em solo brasileiro, como forma de atenuar os impactos que tal enfermidade causaria na economia e na sociedade em geral. De acordo com Franco[42]:

> A 4 de dezembro [de 1849], o Presidente da Província, Conselheiro Francisco Gonçalves Martins, futuro Visconde de São Lourenço, enviou um ofício ao Conselho de Salubridade Pública, solicitando parecer acêrca da febre reinante, em que dizia: "Até hoje a opinião dos facultativos está em oposição com a de alguns médicos estrangeiros, querendo êstes que seja a febre-amarela maligna e contagiosa que reina na atualidade, e grande parte daqueles em ser uma febre epidêmica sem contágio nem caráter essencial de malignidade.

O ofício mencionado por Franco, emitido pelo então Presidente da Província da Bahia, Sr. Francisco Gonçalves Martins, dialoga com um relatório deste, transcrito por José Pereira Rego em 1851[43], no qual a perspectiva dos médicos estrangeiros é posta em evidência. No entanto, nota-se que os alertas emitidos pelo médico Otto Edward Henry Wucherer, em inúmeras reuniões realizadas no Palácio do Governo entre novembro de 1849 e janeiro de 1850, de uma possível chegada da febre amarela na Bahia, foram negados por alguns médicos infecccionistas e pelo Conselho de Salubridade.

---

[41] EDLER, Flávio. *A Medicina no Brasil Imperial*: clima, parasitas e patologia tropical. Rio de Janeiro: Fiocruz, 2011.

[42] FRANCO, Odair. *História da febre amarela no Brasil*. Rio de janeiro: GB, 1969. p. 25.

[43] REGO, José Pereira. *História e descrição da febre amarela epidêmica que grassou no Rio de Janeiro em 1850*. São Paulo: Chão Editora, 2020.

Dessa forma, retomo a menção à transcrição de documentos oficiais da Província da Bahia, como o relatório citado e alguns outros. Dr. José Pereira Rego, testemunha ocular dos fatos na época e renomado médico, publica em 1851 um livro intitulado *História e descrição da febre amarela epidêmica que grassou o Rio de Janeiro em 1850*, reeditado em 2020 pela editora Chão, com posfácio do pesquisador Sidney Chalhoub, no qual destaca as qualificações e cargos do referido médico como:

> Membro fundador da Junta Central de Higiene Pública desde a criação desta em 1850 e seu presidente a partir de 1864; inspetor de saúde do porto desde 1865 e inspetor-geral do Instituto Vacínico desde 1873, [...] ou seja, a partir de meados de 1860, ocupou os postos centrais ligados à saúde pública da capital, três deles simultaneamente de 1873 a 1881[44].

Nessa obra, Rego apresenta um relatório do Presidente da Província da Bahia, no qual, em oposição ao pensamento médico de uma parte significativa da classe, o mesmo discorre sobre a classificação da febre amarela, apontando que:

> Apesar de ser estranha à ciência que deve classificar a atual febre reinante, contudo entendo que, se ela tivesse sido filha do estado da atmosfera, ocasionado pela irregularidade do clima, não teria partido de um ponto, o ancoradouro, e feita sua marcha progressiva, ganhando palmo a palmo o terreno que conquistava e até passando da província pela comunicação marítima aos portos do Rio de Janeiro, Maceió e de Pernambuco[45].

Segundo Franco[46], o Dr. Otto Wucherer (de origem germânica e portuguesa) estabeleceu-se na Bahia a partir 1841 e foi um dos médicos que tratou a febre amarela em uma perspectiva contagionista. Juntamente com o Dr. John Paterson, de origem inglesa, o Dr. Otto

---

[44] *Ibidem*, p. 263.

[45] *Ibidem*, p. 64.

[46] FRANCO, 1969.

Wucherer descortinou uma batalha com parte dos médicos da Província da Bahia, assim como da Corte Imperial. Futuramente esses dois médicos constituiriam o que se convencionou denominar de tríade fundadora da *Gazeta Medica da Bahia*, unindo-se a eles o Dr. José Francisco de Silva Lima, de origem portuguesa.

A respeito disso, Franco[47] acrescenta que:

> Foram travadas discussões acaloradas entre contagionistas[48] e infeccionistas. Os primeiros representados por Wucherer, Alexandre[49] e John Paterson; os segundos, pelos médicos nacionais, que insistiam em dizer que a epidemia era oriunda de causas locais. A imprensa leiga tomando conhecimento destas discussões, dá seu apoio aos médicos brasileiros, acusando os estrangeiros de infundirem o terror entre a população da Bahia. Entretanto, a 17 de novembro [de 1849] havia se apresentado a Wucherer a oportunidade, ansiosamente esperada, de praticar a autópsia de uma vítima de febre amarela. Mas somente no dia 17 de janeiro recebeu o resultado do exame anatomopatológico, confirmando seu diagnóstico clínico.

Observa-se que havia certa distinção entre os médicos estrangeiros e nacionais naquele período. Essa reflexão se confirma quando Franco destaca o tratamento dispensado aos médicos pela imprensa local. Dessa forma, fica evidente, também, que existia uma disputa entre alguns médicos radicados na Bahia e outros da Corte Imperial.

---

[47] *Ibidem*, p. 26.

[48] Vale destacar que a diferença entre as perspectivas contagionista e infeccionsita consiste na forma como a doença é considerada, dotando-a de características intrínsecas do organismo ou do ambiente. Sidney Chalhoub (*apud* REGO, 2020, p. 265) acrescenta que "Havia dois paradigmas básicos a respeito da forma de propagação de doenças epidêmicas. Uma doença se transmitia por 'contágio' quando o indivíduo doente, por contato direto ou por meio do ar, a comunicava a outros". Por outro lado, "uma epidemia se difundia por 'infecção' quando a sua existência era atribuída à 'ação exercida na economia por miasmas mórbidos'. Isto é, a circunstância de existir matéria animal e vegetal em putrefação produzia miasmas que interfeririam no ar ambiente e provocavam o adoecimento de indivíduos susceptíveis ou não aclimantados às condições locais".

[49] O médico Alexandre citado refere-se ao Alexandre Paterson, irmão do Dr. John Paterson, um dos criadores da *Gazeta Medica da Bahia*.

Esse fato sugere uma perspectiva sociológica da ciência desenvolvida no Brasil, na qual a manutenção do capital cultural e científico em jogo perpassa pelo conceito de campo científico bourdieusiano[50].

De acordo com Bourdieu[51], no que compete ao campo e capital científico, destaca-se que:

> O capital científico é um conjunto de propriedades que são produto de actos de conhecimento e de reconhecimento realizados por agentes envolvidos no campo científico e dotados, por isso, de categorias de percepção específicas que lhes permitem fazer as diferenças pertinentes, conformes ao princípio de pertinência constitutivo do nomos do campo. Esta percepção diacrítica só é acessível aos detentores de um suficiente capital cultural incorporado.

Dessa maneira, o capital cultural e científico dos médicos estrangeiros apresentava-se como uma ameaça à manutenção do *status quo* da medicina praticada no Brasil do início do século XIX. Vale a pena salientar que a origem germânica do Dr. Otto Wucherer lhe conferia uma experiência internacional, de modo que estava atento ao desenvolvimento da ciência, em particular no que compete à escola alemã voltada para a experimentação que estava em ascensão naquele período, conforme destacado por Adler[52].

Com formação Europeia, na Universidade de Tübingen (Wurtemberg), o Dr. Wucherer percorreu vários países, em continentes diversos, tendo contato com inúmeras perspectivas metodológicas de atuação na medicina. Desse modo, Barreto e Aras[53] afirmam que por volta da década de 1840, "Otto Wucherer aliou a observação clínica ao uso do microscópio e dialogou com os seus pares, inserindo-se nas contendas médicas do período". Esses dados corroboram

---

[50] BOURDIEU, 2004.

[51] *Ibidem*, p. 79.

[52] ADLER, Richard. *Robert Koch and American Bacteriology*. North Caroline, EUA: McFarland and Company, 2016.

[53] BARRETO, Maria Renilda Nery; ARAS, Lina Maria Brandão de. Salvador, cidade do mundo: da Alemanha para a Bahia. *Revista História, Ciências, Saúde – Manguinhos*. Rio de Janeiro, v. 10, n. 1, 2003. p. 163.

a imagem formada em torno desse médico, que possuía uma rede de cooperação científica ampla ao redor do mundo. Nesse sentido, a sua atuação na Bahia tem bases sólidas na Europa e respeito junto à comunidade científica.

De modo a dar continuidade nas reflexões acerca do ocorrido naqueles meses entre setembro de 1849 e janeiro de 1850, Franco[54] destaca uma passagem significativa das manifestações públicas do Dr. Otto Wucherer, que elucidam parte do comprometimento dos médicos alocados na Província da Bahia a respeito da febre amarela. Assim, aponta que:

> [O médico] Publicou, então, pela imprensa, um protesto veemente contra a opinião do Conselho de Salubridade. Wucherer relatou o fato em 1857, nestes têrmos, na Revista Schmid's Iahrbucher: "No dia 17 de janeiro de 1850, afirmamos, em virtude de nossa primeira autópsia, que a atual doença era a febre-amarela". Meus colegas, os irmãos Paterson, publicaram, por minha iniciativa, no "Correio Mercantil", um protesto contra o Conselho de Salubridade, pois declara êle que a moléstia é leve e não contagiosa. Neste protesto, declaramos que a febre-amarela é muitíssimo perigosa e contagiosa e, chamamos a atenção do Govêrno para a necessidade de medidas preventivas relativamente às outras províncias do País. No mesmo dia recebemos um convite do Presidente para tomar parte numa reunião de médicos em Palácio, no dia 18 de janeiro. Nessa reunião fomos acusados com veemência de ter divulgado um pânico sem necessidade. Como queria esquecer muitas cousas lá ouvidas, se as nossas opiniões tivessem sido aceitas; mas isso aconteceu somente mais tarde, quando o Maranhão se defendeu contra a febre-amarela com medidas de quarentena durante meses. Em uma segunda reunião, Wucherer falou baseado no resultado da autópsia que havia praticado, e viu que alguns médicos baianos, passavam a partilhar de sua opinião.

---

54 FRANCO, 1969, p. 26.

Apesar de longa, a citação mostra-se relevante ao apresentar a força e coragem de alguns médicos já radicados na Bahia, em particular do Dr. Otto Wucherer, que não era brasileiro, entretanto desenvolvia sua prática médica na Bahia desde 1844. Conforme destacado por Barreto e Aras[55], "Wucherer fez seu registro em sessão da Câmara de Nazaré, em 8 de janeiro de 1844; em Cachoeira, no dia 8 de março de 1845; finalmente em Salvador, na Câmara da Bahia, em 14 de novembro de 1849". Desse modo, em nome da medicina e da saúde, buscava emergir as causas de tamanho desconforto e mortandade na população baiana e que poderia se alastrar, como assim o foi, por outras localidades do país.

Em relação à devastação ocasionada pela febre amarela e evidenciada na Bahia, e depois em outras localidades, Rego[56] aponta que:

> No dia 3 de fevereiro [de 1850] os jornais deram conhecimento de um ofício do Exmº Presidente da Bahia dirigido aos de outras províncias, participando-lhes que mais de 80 mil pessoas tinham sido atacadas da febre amarela naquela província, que tinha sucumbido para cima de setecentas, entre nacionais e estrangeiros; e que os médicos daquela cidade estavam ainda dissidentes sobre sua natureza, querendo os estrangeiros que fosse febre amarela e contagiosa da América, e a mor parte daqueles, que não.

Em adição, por meio de um estudo apresentado em Paris, na França, Mattoso e Athayde[57] destacam como a epidemia de febre amarela e cólera morbus alastrou-se pela Bahia e demais províncias e a força dos seus impactos para a população. A esse respeito, os autores informam que "[...] a epidemia de 1849 manifestou-se inicialmente na Bahia, trazida pelo brigue 'Brazil' procedente de Nova Orleans, de onde a febre amarela grassava violentamente". Dando prosseguimento,

---

55 BARRETO; ARAS, 2003, p. 162.

56 REGO, 2020, p. 58.

57 MATTOSO, Kátia M. de Queirós; ATHAYDE, Johildo de. Epidemias e flutuações de preços na Bahia no século XIX. *In: L'histoire quantitative du Brésil, 1800-1930*. Paris, França: Centre National de la Recherche Scientifique (CNRS), 1973. p. 183-202. Disponível em: https://archive.org/details/hisquant1971bre. Acesso em: 3 fev. 2023.

acrescenta que, "[...] da Bahia, alastrou-se rapidamente atingindo Pernambuco e Rio de Janeiro, nestas três províncias o surto epidêmico alcançou extrema gravidade"[58]. É evidente que a falta de confiança nos médicos da Bahia que alertaram sobre a doença e suas consequências, possui uma parcela de responsabilidade no que aconteceu no decorrer dos meses, tanto na Bahia quanto na Corte Imperial.

Segundo Franco[59] aponta, "Os clínicos do Rio, na primeira metade do século XIX, ainda não haviam se familiarizado com a febre-amarela. A trágica experiência iria ter somente a partir de dezembro de 1849". Esse fato constata a percepção dos médicos daquela localidade e como os debates intensos entre aqueles doutores e alguns da Bahia estavam em dissonância.

Em certa ocasião, Dr. Otto Wucherer teria discordado da perspectiva ambiental e climática para a designação de algumas enfermidades, em especial, a febre amarela, adotada pela AIM, no Rio de Janeiro, cuja representação se dava por meio do Dr. José Martins da Cruz Jobim. Este último foi membro fundador e conselheiro da Sociedade de Medicina do Rio de Janeiro[60] (embrião da Academia Imperial de Medicina), criada em 1829, que atuou como presidente da AIM entre os anos 1839-1840 e 1848-1851.

Desse modo, uma disputa do campo científico se configurava entre médicos brasileiros representados pela Academia Imperial de Medicina e os estrangeiros radicados na Bahia, em especial, pelo Dr. Otto Wucherer. Esse embate epistemológico encontra ressonância em Bourdieu[61], quando o autor apresenta no capítulo intitulado "Um conflito Regulado", as características dos agentes no campo científico:

> Os agentes, com o seu sistema de disposições, com a sua competência, capital e interesses, confrontam-se, no interior deste jogo que é o campo, numa luta para fazer reconhecer uma maneira de conhecer

58 MATTOSO; ATHAYDE, 1973, p. 185.

59 FRANCO, 1969, p. 34

60 ACADEMIA NACIONAL DE MEDICINA. *José Martins da Cruz Jobim*. Rio de Janeiro, [202-]. Disponível em: https://www.anm.org.br/jose-martins-da-cruz-jobim/. Acesso em: 3 fev. 2023.

61 BOURDIEU, 2004.

> (um objecto e um método), contribuindo assim para conservar ou transformar o campo de forças. Um pequeno número de agentes e instituições concentra capital suficiente para se apropriar prioritariamente dos ganhos oferecidos pelo campo; para exercer poder sobre o capital detido pelos outros agentes, sobre os pequenos detentores de capital científico[62].

Em se tratando desse confronto entre alguns médicos da Província da Bahia, representada pelo Dr. Otto Wucherer, e os médicos da Corte Imperial, capitaneada pelos membros da AIM, Barros[63] destaca que "[...] para a elite médica imperial, a população pobre, notadamente a escrava, era 'causa' de doenças: classificava-se na categoria do risco, do perigo, da ameaça, do estorvo", e que "[...] Wucherer desencadeou uma revolução epistemológica". Acrescenta que "[...] o rompimento com a mentalidade acadêmica tradicional se deveu à Escola Tropicalista Baiana [...] criada por volta de 1860". Assim, informa que "[...] seu programa de pesquisas, orientadas pelo método experimental, abarcava disciplinas como anatomopatologia, parasitologia, epidemiologia, bacteriologia, microscopia e fisiologia clínica"[64].

Por outro lado, no que compete às discordâncias entre os médicos brasileiros, Sidney Chalhoub, no posfácio da obra reeditada do Dr. José Pereira Rego[65], destaca que:

> Ao expor a controvérsia a respeito do tratamento da febre amarela, Pereira Rego a insere num debate internacional de que a comunidade médica brasileira participa sem protagoniza-lo – ou seja, basicamente toma partido de posições bem-pensantes. Em contraste, no que concerne às conexões atlânticas que faziam a epidemia viajar, nas quais a escravidão era central, o Brasil desempenhava papel de gente grande[66].

---

[62] *Ibidem*, p. 87.

[63] BARROS, Pedro Motta de. Alvorecer de uma nova ciência: a medicina tropicalista baiana. *Revista História, Ciências, Saúde – Manguinhos*, Rio de Janeiro, v. 4, n. 3, p. 411-459, 1998.

[64] BARROS, 1998, p. 440.

[65] REGO, 2020.

[66] *Ibidem*, p. 285.

Na visão da elite médica, política e imprensa local, os médicos que estavam na linha de frente para compreender e alertar sobre os perigos de uma enfermidade daquela natureza, por vezes foram acusados de incitarem o terror e de serem intrometidos, conforme destacado por Cooper[67] em uma das suas publicações. A respeito dessa incompreensão da atuação dos médicos Otto Wucherer, John Paterson e Silva Lima, o pesquisador e professor do Departamento de História da Universidade de Ohio, nos Estados Unidos, Donald B. Cooper[68], acrescenta que:

> Muitas pessoas se recusaram a acreditar que, finalmente, a febre amarela tinha retornado ao Brasil. O Ministro do Império, o Visconde do Monte Alegre, em uma série de pronunciamentos bem divulgados, insistiu que a doença invasora era a malária. Mas o diagnóstico de febre amarela foi confirmado pelo Dr. John L. Paterson (1820-1882), o físico escocês para a colônia britânica em Salvador. Dr. Paterson, Dr. Otto Wucherer (1820-1873), um alemão, e o Dr. José Francisco da Silva Lima (1826-1910), um português - o mais ilustre do trio de investigadores médicos no Brasil do século 19 - (todos concordaram com o diagnóstico) foram criticados como sendo "estrangeiros intrometidos"[69].

Essas informações publicadas em âmbito internacional corroboram com o entendimento que sustenta esta pesquisa acerca da existência de uma disputa no campo científico, ancorada em Bourdieu[70]. Dessa forma, destaco que a arena científica representada pela comunidade médica brasileira, perpassa não apenas pelos médicos da Corte Imperial, mas sobretudo por alguns médicos professores da Faculdade de Medicina da Bahia, muitos deles alinhados ao pensamento médico da Academia Imperial de Medicina.

---

[67] COOPER, 1975.

[68] *Ibidem.*

[69] *Ibidem*, p. 676, tradução própria.

[70] BOURDIEU, 2004.

Entretanto a febre amarela não fora a única doença epidêmica que a segunda metade do século XIX conheceu. A cólera morbus atingiu de forma avassaladora diversas províncias do Brasil e os anos de 1855 e 1856 se mostraram os mais mortíferos de todo um período assolado por enfermidades de toda natureza.

3.1 Febre Amarela e Cólera Morbus: o encontro catastrófico

Os anos de 1855 e 1856 no Brasil são considerados os mais tristes e mortíferos da segunda metade do século XIX. A epidemia de febre amarela, que assolava a população a cada ano nos meses de março, abril e maio, conforme múltiplas publicações da *Gazeta Medica da Bahia* demonstram, já teria sido motivo suficiente de diversos investimentos em investigações acerca do prognóstico e causa das enfermidades[71].

Acrescenta-se a esse fato o aparecimento de outra epidemia, que se tornara pandemia, ao atingir uma parcela significativa de países. Dessa forma, Cooper[72] aponta que a cólera morbus atingiu a Europa, Norte da África, América do Norte e América do Sul, assim como a América Central e o Caribe. Nesse sentido, o autor destaca que:

> Essas duas epidemias mortais - colera e febre amarela - atacaram o Brasil em sucessão por volta de meados do século XIX. A febre amarela, conhecida de forma epidêmica em Pernambuco no final do século XVII, atacou a Bahia em 1846 e o Rio de Janeiro no início de 1850. [...] Dentro de cinco anos, todas as cidades consideráveis do litoral foram atingidas, e parece provável que, antes do final do século, cerca de 100.000 pessoas tenham morrido. Esses desastres gêmeos de febre amarela e colera minaram grande parte do otimismo com que o imperador Pedro II e a maioria dos líderes brasileiros tinham visto o estado do país pouco antes de meados do século[73].

---

[71] FRANCO, 1969.

[72] COOPER, 1986.

[73] *Ibidem*, p. 469, tradução própria.

Como se não bastasse a forma violenta com que a população baiana e nacional sofrera com a febre amarela, a partir de 1855, identifica-se um surto de cólera morbus. Desse modo, Mattoso e Athayde[74] descrevem que,

> Com caráter nitidamente epidêmico, reaparece a febre em 1856, causando grande devastação, pois a sua eclosão foi quase simultânea com a epidemia da Cholera-morbus. Novos ataques verificam-se em 1860 e 1876-79.

Dessa forma, mais uma vez os médicos instalados na Bahia buscam compreender a complexidade da enfermidade, e diversos estudos são publicados na *Gazeta Medica da Bahia* de modo a tecer uma discussão e um debate a respeito do mais recente surto epidêmico que assolava a população brasileira. Segundo Mattoso e Athayde[75]:

> Em meados do século XIX, o Cholera morbus veio completar o quadro das doenças epidêmicas no Brasil. Surge inicialmente na Província do Pará, provocando perdas consideráveis a partir de junho de 1855. No mês seguinte, já a cidade do Salvador encontrava-se contaminada pela enfermidade que para aqui fora transportada, ao que parece, a bordo do vapor "Imperatriz", vindo do Pará. A partir de então, a epidemia alastrou-se, de maneira rápida e violenta, por todas as paroquias da Cidade[76].

Ainda de acordo com os autores, já em 1855, "O número de vítimas [na Bahia] crescia de maneira impressionante e a perspectiva de uma crise de abastecimento despertava na população temores de uma nova tragédia — a fome"[77]. Esses pesquisadores apontam que não apenas a Capital da Província, Salvador, fora atingida, mas diversas localidades do Recôncavo Baiano tiveram suas populações praticamente dizimadas pela cólera morbus, indicando que "[...] a

[74] MATTOSO; ATHAYDE, 1973, p. 186.

[75] *Ibidem*.

[76] *Ibidem*, p. 186.

[77] *Ibidem*, p. 186.

epidemia de 1855 provocaria na província inteira cerca de 30 mil vítimas"[78]. Por outro lado, segundo Athayde[79], esses dados poderiam chegar a "[...] um número de mortes superior a 40.000", levando em consideração outras localidades da província,

Em relação às providências estabelecidas para barrar a entrada da cólera morbus na capital da Província da Bahia, Athayde[80] aponta que

> Foram mobilizados o corpo médico da Capital, enfermeiras e estudantes de Medicina; "conselhos aos proprietários" e "instruções sanitárias populares" foram publicados e postos gratuitamente ao alcance da população.

Além disso, "Estabeleceram-se visitas domiciliares, improvisaram--se hospitais e postos de saúde; constituíram-se Comissões Paroquiais, a fim de atender à população desvalida". Contudo essas ações mostraram-se insuficientes e "Tudo praticamente em vão", conforme descrito pelo "Presidente da Província, em Relatório de 14 de maio de 1856, [que] foi um dos primeiros a reconhecer a falência das medidas adotadas".

Ao apresentar o episódio da epidemia da cólera morbus em 1855, na Bahia, e a relação com a Faculdade de Medicina local, Fortuna[81] destaca a presença do médico inglês John Paterson como um dos personagens que teria "[...] iniciado sistematicamente as pesquisas científicas no Brasil", ao lado dos médicos Dr. Otto Wucherer e Dr. Silva Lima. Ademais, teria sido Dr. Paterson um "[...] dos primeiros médicos a diagnosticar como 'Cholera Morbus' os primeiros casos da epidemia, contra a opinião de alguns dos professores da FMB [Faculdade de Medicina da Bahia]". Essas discordâncias entre os médicos estrangeiros radicados na Bahia e alguns integrantes da Faculdade local, em torno do diagnóstico de

---

[78] *Ibidem*, p. 187.

[79] ATHAIDE, Johildo Lopes de. *Salvador e a grande epidemia de 1855*. Salvador: Centro de Estudos Baianos da Universidade Federal da Bahia, 1985. p. 22.

[80] *Ibidem*, p. 21.

[81] FORTUNA, Cristina Maria Mascarenhas. Memórias da Participação da FMB em Acontecimentos Notáveis do Século XIX. *In*: MEMÓRIAS HISTÓRICAS DA FACULDADE DE MEDICINA DA BAHIA 1916-1923 e 1925-1941. Anexo 1. Salvador, 2012. p. 35.

determinadas doenças, já foram identificadas também na ocorrência da febre amarela, anos antes ao surto da epidemia da cólera morbus.

Ao analisar as edições da GMB, apenas do ano de 1866, Queiroz[82] apresenta uma análise crítica acerca da participação dos médicos fundadores do periódico científico no campo das doenças epidêmicas. De certa maneira, aponta uma contribuição ao discutir sobre a questão da legitimidade médica para o período e como o assunto da cólera morbus foi exaustivamente publicado naqueles primeiros números da GMB.

A autora destaca que praticamente em todas as seções, desde o *Noticiário*, passando pela *Bibliographia*, *Correspodencias Scientifica* e *Correspondecias* no geral, o assunto da cólera morbus estivera em evidência, ainda que naquele ano não se identificasse nenhum caso mais preocupante de ocorrência da doença, segundo a pesquisadora. Nesse sentido, Queiroz[83] espanta-se com o fato de tamanha ênfase na discussão que circunda tal perspectiva e diante disso levanta inúmeros questionamentos acerca das razões que levaram os médicos fundadores da GMB a discutirem a cólera morbus com elevada atenção.

Nesse ponto, discordo que o expressivo debate médico tenha ocorrido apenas a respeito da cólera, conforme apontado por Queiroz[84]. Verifica-se que os médicos produtores de conhecimentos na Bahia estavam atentos a inúmeros episódios de natureza médica que pudessem interferir na condição de saúde da população local e nacional.

A comunicação apresentada por Queiroz[85] destaca a forma como foi apontada a questão da higiene pública no Brasil, e como os médicos apresentavam, para além da orientação médica, com propósitos curativos, o saneamento da população, de modo a proporcionar ao país indivíduos dotados de saúde e orientações éticas e morais para o trabalho. A autora destaca que

---

[82] QUEIROZ, Vanessa de Jesus. Debates e embates sobre ameaça e prevenção: a cholera-morbus na Gazeta Médica da Bahia em 1866. *In*: XXIX SIMPÓSIO NACIONAL DE HISTÓRIA - CONTRA OS PRECONCEITOS: HISTÓRIA E DEMOCRACIA, 29, 2017. Brasília. *Anais* [...]. Brasília: Universidade de Brasília, 2017.

[83] *Ibidem*.

[84] *Ibidem*.

[85] *Ibidem*.

> Observa-se, ainda, a defesa da incompatibilidade entre civilização e doenças calamitosas. Diz-se que o Brasil precisa prevenir-se contra a cholera, pois esta escolhe suas vítimas de maneira inesperada, sem exceções[86].

Desse modo, as análises da autora apresentam um tom pessimista e negativo das intenções que circulavam em torno das perspectivas médicas dos estrangeiros radicados na Bahia, como forma de abafar os efeitos positivos por eles originados.

Em uma determinada passagem, Queiroz[87] aponta um artigo da GMB intitulado "Congresso Sanitário Inter-Nacional: Nenhum representante por parte da medicina brasileira", no qual é evidente a insatisfação de alguns médicos com a ausência de apoio do governo no que compete à participação de representantes locais em eventos científicos. Desse modo, infere-se que a *Gazeta* já iniciava os trabalhos de denúncias e apontamentos de temas que seriam de interesse geral, não apenas da classe médica, mas também da sociedade.

A ausência de participação em eventos dessa natureza, conforme descreve o autor do artigo, Dr. José de Goes Sequeira, inspetor de saúde pública da Bahia e lente de Patologia Geral na Faculdade de Medicina da Bahia, descredencia o Brasil no âmbito das pesquisas científicas, destacando, nas palavras do Dr. Sequeira (*apud* Queiroz)[88] que:

> A missão da Conferencia sanitária interessa a todos os povos, que é essencialmente cosmopolita, porquanto não sera pequeno beneficio que, do concurso e da maior somma de luzes, que seja possível reunir, derivem-se medidas, que, oportuna e regularmente aplicadas, extinguam ou limitem a renovação, os estragos frequentes ou periódicos do flagelo[89].

---

[86] QUEIROZ, 2017, p. 6.

[87] *Ibidem.*

[88] *Ibidem.* p. 5.

[89] SEQUEIRA, Góes. Congresso sanitário Inter-nacional: - Nenhum representante por parte da medicina brasileira. *Gazeta Medica da Bahia*, anno 1, n. 1, 1866a. p. 3-7.

Esse trecho evidencia a intenção de alguns médicos brasileiros, em particular, aqueles atuantes na Província da Bahia, na participação das investigações de doenças epidêmicas, assim como no desenvolvimento da ciência de modo cooperativo, chegando ao ponto de citar outros países nos quais se davam o progresso científico mediante a união de todas as forças.

Nesse ponto, Queiroz[90] questiona-se a respeito dessa inclinação dos médicos da Bahia em participar de debates sobre a cólera morbus e não tanto sobre a febre amarela, visto que aquela teria se tornado uma epidemia há uma década, atingindo diversos países, dentre eles o Brasil. Dessa forma, a autora pressupõe que essa ênfase apresentada, em seu entendimento sob a cólera morbus, estaria direcionada para questões e discussões nas quais circundassem a esfera internacional, como forma de se destacarem-se perante os seus pares. A autora apresenta o seguinte questionamento:

> Em 1849 uma outra epidemia atacou o Brasil, a de febre amarela. Esta também aparece na Gazeta Medica da Bahia em 1866, mas não com a mesma centralidade. Teria a cholera-morbus sido escolhida pela gazeta como forma de inserção do grupo de médicos editores e do Brasil no debate internacional, já que o assunto estava bastante em voga?[91].

Nesse sentido, pontuamos que as intenções de alguns médicos atuantes na Província da Bahia pouco se assemelham com tal hipótese, visto que a participação destes no que compete à febre amarela também foi permanente desde 1849. Desse modo, evidencia-se que diversos artigos publicados na *Gazeta* fizeram referências à epidemia dessa enfermidade mesmo antes da existência e criação do periódico, por meio de outros canais de comunicação da ciência, posteriormente republicados na GMB. Por outro lado, Dr. Silva Lima (*apud* Franco)[92] aponta que Dr. Otto Wucherer abrira em sua residência uma enferma-

---

[90] QUEIROZ, V. de J., 2017.

[91] *Ibidem*, p. 11.

[92] FRANCO, 1969, p. 26.

ria para atendimento aos doentes e, dessa forma, perdera sua esposa que contraíra a doença em decorrência dessa atitude do médico, o que demostra o nível de comprometimento daqueles médicos e a importância dos dados dispostos na GMB em sentido amplo.

4

BASES DA MEDICINA EXPERIMENTAL BRASILEIRA DO SÉCULO XX

Antes de abordar a medicina experimental em uma perspectiva nacional, cabe-nos pontuar a questão da clínica médica. No entendimento de Michel Foucault[93], o nascimento da atividade exercida pelos médicos de forma clínica foi um divisor entre uma medicina tradicional do século XVIII, destituída de um olhar social diante da doença e do doente, para atingir um patamar que se relacionava com o indivíduo.

Apoiado em Foucault, Ferreira[94] aponta que a "[...] **medicina clínica** que emergiu como novidade no final do século XVIII, foi um acontecimento extremamente complexo". Desse modo, o autor apresenta aspectos dessa perspectiva médica que se relacionam e podem ser evidenciados na *Gazeta Medica da Bahia*. Assim, destaca que:

> A medicina clínica é tanto um conjunto de prescrições políticas, de decisões econômicas, de regras institucionais, de modelos de ensino, quanto um conjunto de descrições puramente preceptivas e observações midiatizadas por instrumentos, protocolos de experiências de laboratórios, cálculos estatísticos, constatações epidemiológicas ou demográficas[95].

Nesse sentido, a anatomia patológica, amplamente difundida nas páginas da GMB, inicia-se no limiar do século XIX, e torna-se um divisor na relação da medicina com a doença e o doente, que, de

---

[93] FOUCAULT, 2021.

[94] FERREIRA, Luiz Otávio. Das Doutrinas à experimentação: rumos e metamorfoses da medicina no século XIX. *Revista da Sociedade Brasileira de História da Ciência*, Rio de Janeiro, n. 10, 1993. p. 45..

[95] *Ibidem*, p. 46

acordo com Ferreira[96], é o "[...] resultado do contato teórico da clínica dos sintomas com a anatomia patológica". Assim, para o pesquisador:

> O **método anatomoclínico** veio a ser uma resposta a três problemas fundamentais da medicina da época: 1) o de reconhecer no indivíduo determinada doença mediante a observação criteriosa de seus sinais (o sintoma); 2) o de distinguir no cadáver uma patologia específica através da análise das alterações internas (a lesão); 3) o de combater a doença pelos meios que a experiência tenha demonstrado serem os mais eficientes. Trata-se de estabelecer, com rigor, a relação entre diagnóstico, lesão interna e terapêutica[97].

Ao apresentar as prerrogativas para a medicina oitocentista, Ferreira[98] aponta que "Os **historiadores da medicina** costumam exaltar a nova concepção de medicina emergente no século XIX pela denominação de '**medicina experimental**'". No entanto, o autor aposta na perspectiva semântica para o termo em questão. Assim, pontua algumas concepções que giram em torno da expressão, demonstrando que

> Para Lopez Piñero, essa nova medicina emergente ambiciosa [buscava] "explicar cientificamente a enfermidade" [e que para isso] [...] a medicina científico-natural da segunda metade do século XIX criou o paradigma que serve de base à **ciência médica normal** de nossos dias[99].

Dessa forma, "A pesquisa experimental em laboratório, com recurso às ciências da natureza, associada aos procedimentos clínicos seria característica marcante do novo paradigma dominante na medicina"[100]. Destaca, portanto, a ausência ou omissão da referência à "[...] emergência da **biologia** como um novo campo disciplinar, [que estava envolta em] [...] três

---

96 *Ibidem*, p. 46..

97 *Ibidem*, p. 46.

98 *Ibidem*, p. 49..

99 *Ibidem*, p. 49.

100 *Ibidem*, p. 49

temas desenvolvidos pela biologia do século XIX: **forma, função e transformação**"[101].

Nesse sentido, uma parcela significativa da comunidade e literatura científica brasileira e internacional apresenta o grupo de médicos fundadores da *Gazeta Medica da Bahia* (GMB) como os precursores da medicina tropical no Brasil. Acrescento, portanto, com base na teoria epistemológica fleckiana, a perspectiva médica experimental desse grupo associada à prática profissional e à formação de um estilo de pensamento emergente, tornando-se constituidores de um novo coletivo de pensamento[102].

Esse reconhecimento deve-se, em partes, aos estudos desenvolvidos por meios observacionais, iniciados ainda na década de 1850, na Bahia. Essas observações tiveram como instituição primordial para a sua execução, a Santa Casa de Misericórdia da Bahia, local no qual alguns médicos, como o Dr. Silva Lima, exerciam a sua profissão médica e por outro lado contribuíam com aulas práticas ministradas aos estudantes da Fameb.

Diante da necessidade de publicação de casos clínicos discutidos por aqueles médicos, em reuniões quinzenais, percebeu-se a importância da criação de um periódico que pudesse ampliar as discussões com doutores locais e de outras províncias. Dessa forma, em 1866, foi publicado o primeiro número da *Gazeta Medica da Bahia,* que contava já com diversos artigos escritos por seus representantes, mas também apresentava de outros colaboradores.

Observa-se, no entanto, que inúmeros artigos publicados fazem menção a períodos pretéritos, ou seja, estavam represados aguardando uma oportunidade para publicação ou mesmo já teriam sido publicados em outras praças. Casos significativos que se aderem a essa perspectiva, são os artigos publicados que versam sobre a febre amarela e a cólera morbus, que grassaram o país antes mesmo da constituição da revista.

---

[101] *Ibidem*, p. 49 .

[102] FLECK, Ludwik. *Gênese e desenvolvimento de um fato científico*. Belo Horizonte: Fabrefactum, 2010.

Esse dado revela que os médicos, conhecidos na atualidade como tropicalistas, conforme destacado por Barros[103], estavam atentos aos acontecimentos mórbidos do início da segunda metade do século XIX. Entretanto a disseminação das informações que possuíam estava contida devido à ausência de um canal de comunicação da ciência, no qual pudessem ser responsáveis pela direção e redação, de modo a alavancar o conhecimento que estava sendo gestado.

Neste capítulo, busco por meio da análise de discurso[104], apontar como a medicina desenvolvida na província da Bahia pode ter contribuído para ampliar a percepção de médicos do período republicano para a medicina experimental. No raiar do século XX, existia uma visão nacionalista apurada devido aos episódios de ascensão de um novo regime político. Desse modo, a comunidade acadêmica e pesquisadores de modo geral, tiveram a oportunidade de avançar em estudos antes não cotejados ou mesmo apoiados pelos entes políticos e sociedade como um todo, em particular aqueles desenvolvidos na Bahia do regime imperial.

Assim, a análise dos discursos médicos que antecedem esse período, atrelada a uma conjuntura social e política da época, apresenta um potencial de compreensão para as razões que levaram o Rio de Janeiro e não a Bahia, assim como o médico Oswaldo Cruz e não outro médico do estado baiano a despontar como o pioneiro da medicina laboratorial e experimental brasileira. Nota-se, pelos entremeios discursivos[105], que se coloca entre a descrição e a interpretação de discurso, aspectos relacionados à origem, filiação institucional, coletivo de pensamento e estilo de pensamento, que podem ter contribuído para distanciar a medicina baiana do cenário nacional de constituição institucional da experimentação.

Diante disso, o coletivo de pensamento e o estilo de pensamento se apresentam como conceitos teóricos relevantes para estudos relacionados à história da medicina, em especial da bacteriologia.

---

103 BARROS, 1998.

104 ORLANDI, 2015.

105 *Ibidem*, p. 59.

Cunhados por Ludwik Fleck[106], esses termos teóricos aproximam a História da Ciência da Sociologia da Ciência, no ponto que destaca a presença dos agentes científicos como edificantes do conhecimento bacteriológico.

Para além de um esforço individual, pauta-se na união das ideias que se relacionam ao longo do tempo. Desse modo, o coletivo de pensamento "[...] designa a unidade social da comunidade de cientistas de uma disciplina", enquanto o estilo de pensamento designa "[...] os pressupostos de pensamento sobre os quais o coletivo constrói seu edifício de saber"[107]. Nessa perspectiva, Fleck aponta que:

> Quando se olha o lado formal do universo científico, sua estrutura social é óbvia: vemos um trabalho coletivo organizado com divisão de trabalho, colaboração, trabalhos preparativos, assistência técnica, troca de ideias, polêmicas, etc. [...]. Há uma hierarquia científica, grupos, adeptos e adversários, sociedades e congressos, periódicos, instituições de intercâmbio etc. O portador do saber é um coletivo bem organizado, que supera de longe a capacidade de um indivíduo[108].

Nessa direção, infere-se, portanto, que existiu uma participação médica baiana, no que compete ao estilo de pensamento da experimentação, na medicina experimental institucionalizada no Brasil no raiar do século XX. Aflorado pelos médicos residentes na Bahia em meados do século XIX, esse coletivo de pensamento criou uma atmosfera científica naquela província e por meio da fundação de um periódico científico, *Gazeta Medica da Bahia,* buscou disseminar as investigações locais, tanto do grupo como de uma comunidade científica nacional, além das pesquisas internacionais, de modo a contribuir com o progresso da ciência global.

---

106 FLECK, 2010.

107 *Ibidem*, p. 15-16.

108 *Ibidem*, p. 85.

4.1 A Medicina Experimental e seus estudos preliminares

A obra seminal a respeito da medicina experimental, de autoria do médico francês, Claude Bernard, intitulada *An Introduction to the study of experimental medicine,* foi publicada em 1865, um ano antes da criação da *Gazeta Medica da Bahia* em 1866. Esse dado sugere uma aproximação significativa no que compete ao desenvolvimento epistemológico adotado pelos fundadores do periódico científico. Considerando a forte influência dos compêndios médicos franceses na medicina desenvolvida no Brasil na primeira metade do século XIX, não causa estranhamento que a abordagem em torno dos estudos praticados por Claude Bernard também tenha contribuído para alavancar e sustentar práticas de investigação no Brasil, em particular, na província da Bahia[109].

Aliadas a essa transformação no pensamento médico francês capitaneada por Claude Bernard, Accorsi e colaboradores[110] destacam que "As contribuições de Pasteur a respeito de micro-organismos e ao conceito de patogenia, em 1855, foram marco importante para os novos rumos da ciência mundial". Em seguida, apontam o nascimento da *Gazeta Medica da Bahia,* no seio dessa efervescência em torno da medicina experimental e dos estudos sobre os microrganismos, como uma das iniciativas que surge no bojo dessas novas concepções, já no ano de 1866, imediatamente após o lançamento da obra de Claude Bernard, em 1865, que introduz a medicina experimental no cenário mundial.

Por outro lado, Ferreira critica o fato de que,

> Embora reconheça a contribuição de uma "medicina experimental", Cl. Bernard atribui somente a ele mesmo o mérito de ter tornado, finalmente, a medicina numa

[109] SANTOS, Luiz Antonio de Castro. A constituição de identidades médicas no Brasil pré-republicano: apontamentos sobre a clínica e a experimentação. *Revista Caderno de História e Ciência*, São Paulo, v. 5, n. 2, 2009.

[110] ACCORSI, Giulia Engel *et al.* (org.). *História da Medicina*: transversalidades e interfaces entre sociedade, cultura e política. Salvador: Edufba, 2022. v. 4. p. 415.

> disciplina científica. [...] Para Bernard toda a medicina até então praticada era **hipocrática** [...][111].

A partir disso, observa-se que em abril de 1878, a *Gazeta Medica da Bahia* apresenta no volume 10, número 5, um indicativo de aproximação com as perspectivas anunciadas por Claude Bernard, ao publicar o texto intitulado "Conferência de Claude Bernard sobre a sensibilidade". Esse fato demonstra a preocupação dos editores do periódico em divulgar e projetar os estudos desenvolvidos por aquele pesquisador que contribuiu com a medicina experimental de forma expressiva e com abrangência mundial.

Por outro lado, a vida e obra do químico francês Louis Pasteur, assim como os seus experimentos, ganharam as páginas da GMB por meio de traduções realizadas a partir de publicações da *Gazette Medicale de Paris*, em diversas edições distribuídas ao longo do volume 10, no ano de 1878. Nos números seis, sete, oito e 10 da *Gazeta Medica da Bahia* é possível acompanhar o texto produzido na França. Publicado no Brasil dividido em partes, possibilitava que os médicos brasileiros tivessem acesso, acompanhassem e se mantivessem atentos aos estudos e às pesquisas realizadas por Pasteur.

Nesse sentido, apresento a seguir o Dr. Joaquim dos Remédios Monteiro, médico que possibilitou a disseminação das pesquisas do químico Louis Pasteur por meio das páginas da GMB, além de outras publicações de igual relevância para o desenvolvimento da ciência na Bahia e no Brasil. De origem indiana, esse médico trabalhou pela higiene pública, incentivou o desenvolvimento de pesquisas em torno da tuberculose e participou da vida política baiana como vereador na cidade de Feira de Santana, na Bahia, "[...] onde foi presidente da Câmara Municipal, [e] trabalhou muito pela higiene pública"[112].

---

111 FERREIRA, 1993, p. 50..

112 QUEIROZ, Rita de Cássia R. de. *A escrita autobiográfica de Doutor Remédios Monteiro*. Edição de suas memórias. Salvador: Quarteto, 2006. p. 18.

4.1.1 Contribuições do Dr. Remédios Monteiro para a medicina baiana

Doutor Joaquim dos Remédios Monteiro é mais comumente conhecido como Dr. Remédios Monteiro. Foi um médico brasileiro, que partiu de Santa Catarina para Salvador no ano de 1875. Aconselhado pelo Dr. Antonio José Pereira da Silva Araújo, instalou-se na cidade de Feria de Santana (BA) em 1879, exatamente em razão do clima favorável da cidade, visto que "Convalescia ele então de uma hemoptyse que o havia posto em perigo de vida" desde a década de 1860, antes de chegar à Bahia, enfermidade essa associada à tuberculose[113]. Desse modo, destaca-se que "[...] primeiro ele residiu em Salvador e depois, por conta da doença, foi para Feira de Santana, pois nesta cidade o clima era perfeito para o seu tratamento"[114].

A tuberculose, também conhecida no século XIX como "tísica pulmonar" ou "Peste Branca", é alvo de diversas investigações no Brasil e, em particular, na Bahia. De teses da Faculdade de Medicina da Bahia, a artigos publicados na GMB, recuperam-se várias discussões que existiram em torno dessa enfermidade. Desse modo, uma análise mais apurada revela que essa temática ocupou uma parcela significativa do debate médico nacional e baiano não somente no século XX, com a criação da Liga Bahiana contra a tuberculose[115], em 1900, mas sobretudo a partir da segunda metade do século XIX.

Em se tratando da história da tuberculose, observa-se que diversos pesquisadores do século XXI se debruçaram nessa perspectiva[116], seja por meio de um viés histórico-social, biográfico ou epidemiológico.

---

[113] BASTOS, Filinto. Biographia: Dr. Joaquim dos Remedios Monteiro. *Revista do Instituto Geográfico e Histórico da Bahia*, Salvador, anno 5, v. 5, n. 17, 1898. p. 483.

[114] QUEIROZ, R. de C. R de, 2006, p. 23.

[115] SILVA, Elisa Lemos Nunes da. *Do centro para o mundo*: a trajetória do médico José Silveira na luta contra a tuberculose. 2009. Tese (Doutorado em História) – Programa de Pós-Graduação em História, Universidade Federal de Pernambuco, Recife, 2009.

[116] BERTOLLI FILHO, Claudio. *História social da tuberculose e do tuberculoso*: 1900-1950 [online]. Rio de Janeiro: Editora Fiocruz, 2001; NASCIMENTO, Dilene Raimundo. *Fundação Ataulpho de Paiva* (Liga Brasileira contra a Tuberculose): um século de luta. Rio de Janeiro: Quadratim, 2002; *Idem*. *As Pestes do século XX*: tuberculose e Aids no Brasil, uma história comparada. Rio de Janeiro: Scielo - Editora Fiocruz, 2005; SILVA, 2009.

Nesse sentido, Elisa Silva[117] aponta que "A cultura ocidental construiu uma imagem estigmatizadora da doença. No contexto nacional, as proposições médicas e as representações sociais sobre os tísicos cobravam iniciativas oficiais e filantrópicas", como pode ser evidenciado nas páginas da GMB.

Por outro lado, a autora destaca que "A chamada Peste Branca, na virada do século XIX para o século XX, era um problema de graves proporções, a maior ceifadora de vidas não só em Salvador, mas em diversas cidades do país e do mundo"[118]. Acerca disso, o pesquisador Fábio de Carvalho Nunes[119] acrescenta que o nível de mortalidade em Salvador por essa doença era alarmante. No período de 1897 e 1901, o quantitativo de óbitos chegou a mais de 3.200, dado que demonstra uma média superior a 600 soteropolitanos mortos por ano em razão da tuberculose nesse interstício. Ademais, acrescenta-se que além dos doentes que chegavam a falecer, outras pessoas foram atingidas pela doença, na proporção de cerca de cinco a 10 para cada morte, sem contar a baixa notificação, o que alterava sensivelmente os números oficiais[120].

Desse modo, Silva[121] pontua que "No Brasil [de forma geral], a tuberculose até as primeiras décadas do século XX não foi objeto de ação efetiva por parte do Estado". Nesse sentido, a autora informa que "Umas das justificativas apresentadas diz respeito ao caráter Republicano Brasileiro [e] sua feição liberal, registrada na Constituição Republicana de 1891". Além disso, a autora destaca que:

> A mudança de governo de Monarquia para República não alterou a situação sanitária do estado. A característica agrário-exportadora da economia baiana, dependente do mercado externo, bem como

[117] SILVA, E. L. N. da, 2009, p. 19.

[118] *Ibidem*, p. 25.

[119] NUNES, Fábio de Carvalho. *A mortalidade por tuberculose na cidade do Salvador*. Salvador: Secretaria de Educação e Saúde, 1949.

[120] SILVA, E. L. N. da, 2009.

[121] SILVA, E. L. N. da, 2009, p. 28.

> a situação de entreposto comercial da cidade do Salvador, levava a que o Estado agisse principalmente nos momentos das epidemias[122].

Não somente o fator epidêmico da doença determinava a atenção a ela dispensada, mas também o seu nível de relação com a economia e sociedade de forma ampla. A tuberculose era uma doença estigmatizada, associada à vida noturna, à bebida, à boemia e ao alcoolismo. Desse modo, as pessoas acometidas por essa enfermidade eram vistas como à margem da sociedade. Além disso, a gravidade do contágio exigia medidas de isolamento que parcialmente as distanciavam da sociedade, maximizada pela pobreza e questões de higiene, com moradias insalubres, criando assim uma comunhão entre os enfermos[123].

Na trajetória da *Gazeta Medica da Bahia*, observa-se que há um número relevante de artigos que versam a respeito da tísica pulmonar, ou mesmo sob o nome de tuberculose, para essa doença que atinge os pulmões de forma agressiva, transmissível e incurável[124]. Nesse sentido, entre os anos de 1881 e 1900, uma parte do recorte temporal desta pesquisa, Martinelli[125] identificou 37 artigos sob a denominação da tuberculose e dois sob a expressão de "tísica", dentre as doenças mais descritas no periódico, incluídas no Quadro referente à doença "tuberculose". Além disso, identifica-se que foi listado um artigo que versa também sobre a tuberculose no quadro que se destina aos artigos sobre "Vacinas".

A autora[126] apresenta alguns quadros detalhados que listam diversas relações de artigos publicados pela GMB em ordem cronológica, de modo que é possível ter acesso direto e objetivo ao autor, ao título, ao número, à página e ao ano da publicação. Dessa forma,

---

122 *Ibidem*, p. 32.

123 *Ibidem*; NASCIMENTO, 2005.

124 *Ibidem*.

125 MARTINELLI, Maria de Fátima Mendes. *Comunicação científica em saúde*: a Gazeta Médica da Bahia no século XIX. Salvador, 2014. Dissertação (Mestrado em Estudos Interdisciplinares sobre a Universidade) – Instituto de Humanidades Artes e Ciências Prof. Milton Santos, Universidade Federal da Bahia, Salvador, 2014. p. 81.

126 *Ibidem*, p. 131-132.

Martinelli apresentou os artigos publicados sob a denominação da doença como "tísica pulmonar" também em outros quadros distribuídos ao longo do seu estudo. Assim, a pesquisadora identificou que, desde 1867, a GMB já fazia circular o debate em torno dessa enfermidade sob essa nomenclatura.

Por outro lado, Martinelli também apresentou um "Excerpto da imprensa médica estrangeira" que trata da "tísica[127]" no ano de 1867. Além disso, a autora dispõe de outra informação em relação à "tísica", listada no quadro denominado de "Levantamento dos trabalhos publicados no ano 1, por autor", no qual destaca a presença de um texto escrito pelo Dr. Silva Lima também em 1867, que versa a respeito de um registro clínico, assim como outro publicado pelo Dr. Otto Wucherer em 1868 sob a mesma perspectiva. Desse modo, apenas cinco ocorrências levam o nome de "tísica" para denominar essa enfermidade na GMB. Por fim, percebe-se que a tuberculose foi publicada no periódico em seus mais diversos aspectos ao longo da segunda metade do século XIX.

Nesse ponto é que retorno ao Dr. Remédios Monteiro. O pesquisador Anderson Malaquias[128], que discute o *Nascimento da bacteriologia nas páginas da Gazeta Médica da Bahia (1866-1900)*, aponta que

> A adesão ao paradigma pasteuriano foi explicitada por alguns médicos com várias publicações no periódico baiano, tendo na figura do Dr. Remédios Monteiro um dos mais contundentes articulistas que hastearam a bandeira em defesa da teoria dos germes[129].

Ademais, o autor relata que "Outros facultativos influentes no cenário médico da Bahia, como Pacífico Pereira e Demétrio Ciríaco Tourinho, revelaram-se simpatizantes aos emergentes postulados de

[127] MARTINELLI, 2014, p. 116.

[128] MALAQUIAS, Anderson Gonçalves. *Ciência, Educação e divulgação científica*: o nascimento da bacteriologia nas páginas da Gazeta Médica da Bahia (1866-1890). 2012. Dissertação (Mestrado em Ciência, Tecnologia e Educação) – Centro Federal de Educação Tecnológica Celso Suckow da Fonseca, Cefet/RJ, Rio de Janeiro, 2012.

[129] *Ibidem*, p. 57.

Pasteur"[130]. Assim, "As publicações na GMB demonstraram a intensidade com que se deu a apropriação destas novas metodologias junto à classe médica local"[131].

Nesse sentido, Dr. Remédios Monteiro é considerado por Silva[132] como "[...] talvez o personagem mais importante no processo de consolidação do discurso pela Feira Sã". Dessa forma, o autor destaca a contribuição do médico no que compete à higiene pública municipal e ao seu papel político e administrativo local. Na condição de Presidente da Câmara Municipal de Feira de Santana, o médico contribuiu de forma significativa em prol da manutenção do status da cidade como apta a receber e cuidar daqueles cidadãos que estivessem dispostos a viver em um local de clima favorável à saúde.

Assim, os aspectos que circundam a vida pública do referido médico são descritos em detalhes, destacando-se as propostas de construção de um novo hospital, a criação de um matadouro e um cemitério que estivessem distantes do centro da cidade[133]. Além disso, apontam-se as propostas para o alargamento de algumas ruas por parte do médico e vereador de Feira de Santana, de modo a conferir à localidade um ar puro, tendo sido uma delas nomeada como "Praça Remédios Monteiro"[134]. Desse modo,

> [...] não apenas as autoridades incorporaram os procedimentos desenvolvidos ou adotados pelo Dr. Remédios Monteiro para a manutenção da salubridade da cidade, [...] também a população incorpora muitos dos procedimentos legais a esse projeto[135].

Ademais, é evidenciado pelo pesquisador que as ações do Dr. Remédios Monteiro, além de surtir efeitos nas autoridades,

---

130 *Ibidem*, p. 57

131 *Ibidem*, p. 57.

132 SILVA, Aldo José Morais. *Natureza sã, civilidade e comércio em Feira de Santana*: elementos para o estudo da construção de identidade social no interior da Bahia (1833-1927). 2000. Dissertação (Mestrado em História) – Faculdade de Filosofia e Ciências Humanas, Universidade Federal da Bahia, Salvador. p. 29.

133 SILVA, A. J. M., 2000.

134 BASTOS, 1898, p. 485.

135 SILVA, A. J. M., 2000, p. 128.

> Após ver as praças serem abertas em nome da fluência dos ares, [...] matadouro reconstruído e posto a uma distância segura da cidade, [...] a população passa a compreender o projeto em seu conjunto, [...] e a argumentação técnico-científicas[136].

Assim, o autor buscar apresentar a preocupação do referido médico com a higiene e salubridade local.

Entretanto o pesquisador apresenta uma controvérsia em torno das genuínas intenções e ações do Dr. Remédios Monteiro em torno da abolição do povo negro escravizado, pauta relevante no discurso daquele médico. Há um ponto de vista que emerge na pesquisa de Silva[137], no qual o autor considera que o referido médico seria um abolicionista com perspectivas que visavam à higienização familiar, ou seja, a abolição dos escravizados seria uma forma de excluir essa parcela da população da parte interna das residências. Por outro lado, aponta que o Dr. Monteiro teria trocado uma única correspondência com o médico Raimundo Nina Rodrigues, conhecido por suas hipóteses ligadas ao racismo científico.

Acrescenta-se, portanto, que o pesquisador sugere serem as suas afirmações pautadas em reflexões especulativas, ao informar que

> [...] a despeito dos indícios, um raciocínio desta natureza não poder ser considerado para muito além do nível da especulação, devido à falta dos artigos onde suas ideias estivessem expressas e fossem, portanto, constatáveis[138].

Assim, observa-se que o autor segue uma historiografia que privilegia condenar aspectos pautados na higiene pública e que desconsidera os efeitos positivos dessa perspectiva científica.

Em outro ponto, no qual cita apenas uma correspondência entre os médicos Remédios Monteiro e Nina Rodrigues, o autor apresenta um trecho e o analisa de modo que o contexto não fica claro.

---

[136] *Ibidem*, p. 128.

[137] SILVA, A. J. M., 2000.

[138] *Ibidem*, p. 132.

No entanto, a interpretação aludida corresponde com as inferências anteriormente cogitadas. Assim, o autor transcreve que:

> [...] o Dr. Remédios Monteiro, [lhe] informava em carta de 11 de abril de 1899: "A raça negra tende a desaparecer em Santana Catarina por efeito do clima: as crianças enemiam-se, escropulizam-se e tuberculizam-se, enquanto as que não são de tal origem criam-se bem"[139].

Desse modo, a partir da biografia e dos múltiplos artigos escritos pelo Dr. Remédios Monteiro, na GMB, infere-se e interpreta-se que o argumento utilizado pelo doutor buscava abordar que tais doenças acometiam essa comunidade negra em decorrência da ausência de acomodações, alimentação e saneamento satisfatório, conforme os destinados à população não negra. Em determinada passagem de um artigo do médico, o qual será visto mais adiante, referente à disponibilidade de alimentos como carne e leite na cidade de Feira de Santana, fica evidente a sua preocupação com esse aspecto da vida da população, no que compete à alimentação e ao clima.

É interessante notar que o biógrafo do médico, Sr. Filinto Bastos, já em 1898 relatava a importância dispensada por ele aos mais pobres, convalescidos e necessitados, demonstrando a sua característica altruísta, inclusive junto com representantes eclesiásticos. Nesse sentido, Bastos[140] apresenta o lado humanista do Dr. Monteiro, ao informar que tanto um sacerdote quanto um estudante da cidade de Feira de Santana, que atuavam em obras de caridade, respectivamente, Padre Ovidio e Salles Barbosa, "[...] não encontraram melhor companheiro para as obras de caridade, para as lides da abolição, do que o velho cheio de santas ideas – o Dr. Monteiro"[141].

Desse modo, o biógrafo acrescenta que "Os cuidados que lhe mereciam tantas crianças sem paes levavam-no a traçar planos para a vida na sociedade, preocupado como tem sido sempre pela reso-

---

139 *Ibidem*, p. 132

140 BASTOS, 1898.

141 *Ibidem*, p. 488.

lução dos problemas sociológicos"[142]. Adicionalmente, ratifica que "Não bastava acenar aos tristes habitantes das senzalas infectas com uma fugidia esperança de tardia liberdade"[143]. Ademais, "Era preciso fazer chegar á consciência dos senhores a certeza de sua infâmia"[144].

Assim, descortina-se em outro episódio como o Dr. Monteiro lidava com a questão abolicionista, ao ser apresentada pelo Sr. Filinto Bastos uma afirmação do Dr. Luiz Anselmo Fonseca, na qual o proeminente médico baiano destaca que "Nesta cidade, onde ainda é muito forte o império tenebroso da escravidão, reside um distincto abolicionista extra-provinciano". Acrescentando, "É o Sr. Dr. Joaquim dos Remédios Monteiro"[145].

Além disso, como redator da *Gazeta Medica da Bahia* a partir de 1876, Dr. Joaquim dos Remédios Monteiro, representante da medicina baiana oitocentista, apresenta-se como um dos médicos que de forma significativa se debruçou a respeito da temática das vacinas, no ano de 1877, com artigos publicados em quatro números do volume 9, que vão do número 9 ao 12. Ademais, Dr. Remédios Monteiro publicou inúmeros artigos que tratavam tanto do ensino médico, da tuberculose, assim como a respeito das doutrinas de Louis Pasteur, sobre a teoria dos germes.

Ao avançar nas publicações a respeito da teoria pasteuriana e sobre a febre amarela do Senegal, o Dr. Remédios Monteiro apresenta interesse na busca do possível causador da moléstia. Nos volumes 14 e 15 da *Gazeta*, nos anos de 1882 e 1883, é possível identificar alguns textos do referido médico que apresentam muito mais do que apenas a vida do Sr. Pasteur. Em um tom biográfico na publicação, haja vista a disposição na seção de "Bio-Biographia" da GMB, descortina-se a doutrina pasteuriana a respeito da teoria dos germes, a qual se apresenta dividida em sete partes, de modo a contemplar o arcabouço teórico e experimental desenvolvido por aquele químico na França.

---

142 *Ibidem*, p. 488.

143 *Ibidem*, p. 488.

144 *Ibidem*, p. 488.

145 *Ibidem*, p. 492.

Ao iniciar a publicação a respeito das doutrinas de Pasteur, Dr. Remédios Monteiro privilegia apresentar a sua inserção e posse na Academia francesa. Desse modo, adota um tom comparativo deste com o seu antecessor na cadeira, o Dr. Emilio Littré, a quem faz questão de apresentar tanto os aspectos físicos quanto filosóficos, visto que, além de possuir uma fisionomia atlética, diferente de Pasteur, "Littré pertencia á escola que tem por chefe Augusto Comte, escola a que vivem filiados também alguns moços brasileiros de muito merecimento e talento"[146].

Por outro lado, percebe-se uma ênfase em noticiar que,

> Pasteur prossegue há muitos anos nos estudos das moléstias contagiosas que atacam os curraes, estábulos, galinheiros e canis, para cujas experiências dispendiosas as camaras votaram recentemente vinte contos de reis (50,000fr.)[147].

Acrescentando que,

> [...] por sua parte o conselho municipal generosamente póz á disposição do chimico a maior parte dos edifícios e terrenos do antigo collegio Rollin, situados muito perto da Escola Normal, na qual moram ele e a sua família[148].

Além disso, o médico aponta que o Sr. Pasteur "[...] contenta-se em estar no abrigo das necessidades com a pensão vitalícia de doze mil francos (5:000$000) annuaes [...], que lhe foi concedida pela Assembléa nacional em 1874"[149], o que não o eleva ao grau de riqueza, porém assistido por uma quantia suficiente para viver uma vida confortável. Nota-se, portanto, que o investimento nas pesquisas do Sr. Pasteur era um ponto significativo para a sociedade e governo francês, assim como despertava o interesse da classe médica da

146 MONTEIRO, Remédios. Pasteur e as suas doutrinas. *Gazeta Medica da Bahia*, Salvador, v. 14, n. 3, 1882. p. 112.

147 *Ibidem*, p. 112

148 *Ibidem*, p. 112.

149 *Ibidem*, p. 115.

Bahia, no Brasil, ao passo que o Dr. Monteiro se mostra enfático ao descrever as alocações próximas e confortáveis com as quais Pasteur tinha a sua disposição, além dos seus vencimentos.

Desse modo, evidencia-se um discurso sócio-histórico relevante no que compete ao incentivo científico de forma abrangente na França. Infere-se que a formação discursiva do Dr. Monteiro, em seus entremeios linguísticos, buscou apresentar uma perspectiva favorável ao desenvolvimento de novas iniciativas investigativas no que compete aos males que afligiam a população.

A importância do investimento público em pesquisas que denotam um avanço científico é percebida ao longo das publicações de origem estrangeira, publicadas na *Gazeta Medica da Bahia*. Esse fato demonstra como os médicos brasileiros estavam ávidos por exercer uma prática médica e científica semelhante às executadas tanto na França quanto na Alemanha, conforme veremos mais adiante.

Além dos recursos financeiros, Dr. Monteiro acrescenta que

> Bois, cabras, carneiros, porquinhos da India, macacos de Madagascar, cães de diversas raças, aves, são os habitantes sujeitos às experiências, para as quaes também a companhia geral dos omnibus manda os cavalos affectados de typhos[150].

Assim, detalha Dr. Monteiro, que "O microscópio é [o] instrumento predilecto de trabalho e não raro verem-no [Pasteur] horas inteiras, a este assestado, seguir silencioso o infinitamente pequeno, agente mortal das moléstias virulentas"[151]. Nesse trecho, é possível identificar que o médico busca descrever com detalhes as condições de trabalho e o incentivo público e social da população para as pesquisas desenvolvidas pelo Sr. Louis Pasteur.

Compreende-se, portanto, que há um entendimento acerca da relevância das experiências desenvolvidas pelo francês e como aquelas trariam benefícios de maneira geral para a população. Nesse

---

[150] *Ibidem*, p.113

[151] *Ibidem*, p. 113.

sentido, o discurso do Dr. Monteiro está permeado de entremeios e formações discursivas no âmbito histórico, social, econômico e político, ou seja, aquilo que não é dito, contudo é apreendido pela conjuntura, de modo que descortinam a divergência existente entre o tratamento fornecido aos aspectos científicos na França e no Brasil.

Desse modo, pontuo que há algumas películas cinematográficas que demonstram o cotidiano de Pasteur, que de fato corroboram com as informações apresentadas pelo Dr. Monteiro. Dois desses produtos audiovisuais são: o documentário intitulado *Pasteur e Koch: Duelo de Gigantes no Mundo dos Micróbios*, produzido pelo canal cultural de serviço público franco-alemão arte[152]; e o filme sobre a *História de Louis Pasteur*, produzido por Henry Blanke[153], ambos disponíveis na plataforma de vídeos YouTube. Essas produções potencializam o entendimento do labor científico e demonstram de forma lúdica como a ciência é produzida em uma perspectiva ampla e abrangente.

Retomando as análises das publicações do Dr. Monteiro a respeito da doutrina pasteuriana, ao citar os feitos do referido químico francês, o médico destaca as contribuições daquele no que compete aos:

> [...] estudos sobre as moléstias do bicho da seda, sobre as alterações e o aquecimento dos vinhos, o fabrico das cervejas, do vinagre, assim como da vacinação, que se tornou nas suas mãos um principio geral susceptível das mais diferentes aplicações e por meio da qual serão preservados das devastações espantosas do carbúnculo os rebanhos do universo[154].

Desse modo, o médico apresenta as inúmeras contribuições do Sr. Louis Pasteur, das quais destacamos a manipulação de microorganismo para fabricação de vacina, primeiramente para

---

152 PASTEUR e Koch: duelo de Gigantes no Mundo dos Micróbios. [*S. l.*: *s. n.*]. 1 vídeo (95 min). Publicado pelo canal Saber Mais (2018). Disponível em: https://www.youtube.com/watch?v=f406c8rZ6xw. Acesso em: 21 jul. 2023.

153 HISTÓRIA de Louis Pasteur. [*S. l.*: *s. n.*], 1936. 1 vídeo (85 min). Publicado pelo canal Canal Química no Brasil. Disponível em: https://www.youtube.com/watch?v=QOXpU-gAiV8. Acesso em: 20 jul. 2023.

154 MONTEIRO, 1882, p. 115.

animais e posteriormente para o combate de uma doença causada pelos cães, com consequências avassaladoras para os seres humanos, a Raiva. Esta também apresenta a sua parcela de publicações circuladas pela GMB. Contudo, nesta pesquisa em particular, não será contemplada em favor da investigação de outras enfermidades que também foram de preocupação significativa para a humanidade.

Parafraseando o redator da revista científica *Union Medicale de Pariz*, Dr. Monteiro apresenta as palavras deste, a respeito do Sr. Pasteur, por ocasião da dispensa de suas férias para seguir a um hospital em Panillac, a fim de se inteirar sobre a febre amarela. Dessa forma, Dr. Monteiro descreve que o Sr. Pasteur:

> [...] renuncia as suas férias, abandona o ar vivificante das montanhas do Jura e vai encerrar-se aonde?... em um lazareto na companhia de alguns infelizes portadores da terrível febre amarela do Senegal, para procurar nas dejecções, com risco da própria vida, o micróbio, causa talvez dessa horrível afecção, e chegar, assim o espera pelo menos, por suas sabias e pacientes culturas, a achar a vacina do vomito preto, como a descobrio para o carbúnculo e para a cholera das galinhas[155].

Nesse trecho, nota-se, portanto, o compromisso do Sr. Pasteur na investigação acerca da febre amarela, a qual os médicos da Bahia, por meio da *Gazeta Medica* local, estavam atentos aos acontecimentos e avanços daquele químico francês. Assim, é possível notar que não houve falta de interesse da classe médica baiana em participar e compartilhar conhecimentos junto aos seus pares, sejam eles franceses ou alemães. Por outro lado, o que houve foi uma falta de interesse governamental, político e social, que minou as possibilidades investigativas de alguns médicos que já estavam se debruçando sobre as doenças parasitárias e microbianas desde a segunda metade do século XIX na Bahia.

---

155 *Ibidem*, p. 116.

Desse modo, Peard[156] aponta que a ausência de investimentos mais robustos no desenvolvimento científico da Bahia foi potencializada pela concorrência com o Rio de Janeiro, capital do Império e posteriormente da República. Parafraseando o médico e historiador Cassiano Gomes, Peard[157] destaca que "A medicina, pelo menos em Salvador, era profissão de gente pobre, de filhos de mercadores com pouco dinheiro capital, ou mesmo filhos de trabalhadores, da pequena burguesia". Destacando a função social da Faculdade de Medicina da Bahia, acrescenta que "Inúmeros exemplos em Salvador comprovam isso". Adicionalmente, informa que "Antônio Pacífico Pereira e seu irmão Victorino eram descentes de imigrantes portugueses humildes, assim como José Francisco da Silva Lima", ambos participantes da *Gazeta Medica da Bahia*, a qual é fonte inestimável desta pesquisa.

Dando continuidade às publicações de cunho biográfico a respeito do Sr. Pasteur, levadas ao público pelo Dr. Monteiro, destaca-se nos relatos do médico a contribuição do proeminente químico francês, que descobriu a função anaeróbica dos microorganismos e que, dessa forma, alcançou avanços significativos na ciência. Nesse sentido, acrescenta que:

> Ao mesmo tempo que os physicos e chimicos tratam com perseverança de estudar as funções e o modo de ser dos vários corpúsculos microscópios na natureza viva, os médicos que reconhecem a múltipla e funesta atividade pathologica deles, perscrutam os meios de attingil-os, destruil-os ou nulificar-lhes os efeitos[158].

Assim, Dr. Monteiro aponta que:

> Sob o influxo das idéas definitivamente introduzidas na sciencia e na indústria pelos trabalhos esplendidos de Luiz Pasteur, muitas praticas cirúrgicas tem passado por modificações radicaes; muitas substancias parasiticidas, antisepticas, antiputrida, antivirulentas,

---

[156] PEARD, 1999.

[157] *Ibidem*, p. 20, tradução própria.

[158] MONTEIRO, Remédios. Pasteur e as suas doutrinas. *Gazeta Medica da Bahia*, Salvador, v. 14, n. 5, 1882. p. 207.

> como acido phenico, tanino, creosota, [...] chloro, hypochloritos, permanganato de potassa, carvão [...] generalisaram-se na hygiene industrial e no tratamento das moléstias internas e externas[159].

Posto isso, percebe-se nos relatos do proeminente médico radicado na Bahia, como as descobertas científicas do Sr. Louis Pasteur trouxeram benefícios significativos para o desenvolvimento e descobertas em diversas áreas do conhecimento, em particular na medicina.

Desse modo, percebe-se que o investimento no ensino da físico-química, em especial aquela ligada a uma perspectiva biológica e microbiana, apresentaria significativas contribuições para o progresso da medicina experimental. Por essa razão, vários médicos de diversas nacionalidades passaram a fazer estágios e estudos no Instituto Pasteur na França, e, dentre eles, o Dr. Oswaldo Cruz, o que lhe conferiu capacitação para o desenvolvimento da medicina experimental no Brasil, conforme relata a literatura[160].

No entanto, vale destacar que não somente o designado médico, que originaria a institucionalização da medicina laboratorial brasileira atuou junto à renomada instituição, realizando estudos de aperfeiçoamento na Europa. Exemplo disso foi o Dr. Remédios Monteiro, que, de acordo com o seu biógrafo e contemporâneo Filinto Bastos[161], o conhecera enquanto ainda cursava a Faculdade de Direito de São Paulo, o que foge ao círculo endógeno da medicina, destaca que,

> Em 1855, com o intuito de aperfeiçoar seus estudos médicos, [Remédios Monteiro] seguiu para a Europa onde se demorou dois annos, que passou quase inteiramente em Pariz, tendo feito excursão de poucos meses por Strasburgo, Heildelber, Munich e Bale[162].

---

[159] *Ibidem*, p. 207.

[160] BRITTO, 1995.

[161] BASTOS, 1898.

[162] *Ibidem*, p. 447.

Assim, acrescenta o autor, o Dr. Monteiro teve a oportunidade de aproveitar "[...] o ensejo [para] apreciar detidamente a notável exposição universal de Pariz, que teve logar no anno de 1855"[163]. Desse modo, tantos outros médicos do século XIX tão capacitados quanto alguns médicos do Rio de Janeiro, palco da elite brasileira e sede do governo, não tiveram o mesmo lastro e aporte motivacionais para o desenvolvimento das suas pesquisas, ou mesmo financiamento em solo brasileiro, como se evidencia na primeira década do século XX.

A respeito disso, Peard[164] aponta que "[...] o Rio de Janeiro se beneficiou do interesse pessoal do imperador pelos assuntos médicos", destacando que o representante do império era

> Fascinado pelo desenvolvimento da ciência do século XIX. D. Pedro II frequentava sessões na Academia Imperial de Medicina (AIM), defesas de teses da Faculdade de Medicina, assim, ele era conhecido pessoalmente por vários médicos.

Desse modo, a autora faz inferências significativas a respeito do "[...] resultado da proximidade da comunidade médica carioca com a sede do poder [que] pode ser visto claramente no financiamento liberal da escola do Rio de Janeiro"[165].

Retomando as elucubrações do Dr. Monteiro a respeito do Sr. Pasteur, o médico dedicou infindáveis páginas da GMB para retratar as contribuições desse químico que tantos avanços proporcionou à ciência mundial. A circulação dessas ideias originadas na Europa, em solo brasileiro, apresentava uma perspectiva incentivadora no que compete ao progresso das ciências também no Brasil, em particular na Bahia, nos anos finais do século XIX. Assim, Dr. Monteiro adiciona que:

> Antes dos estudos modernos concernentes á teoria parasitaria dos germes, reinava a maior obscuridade, para não dizer ignorância, a respeito de certas molés-

---

[163] *Ibidem*, p. 447.

[164] PEARD, 1999, p. 26, tradução própria.

[165] *Ibidem*, p. 26, tradução própria.

> tias; faltava o guia que havia de dirigir o medico no conhecimento e tratamento delas, que lhe ensinasse os agentes therapeuticos que podem prestar relevantes serviços á humanidade sofredora[166].

Desse modo, a exposição do referido médico em torno das cooperações científicas do Sr. Louis Pasteur, adicionalmente demarca o seguinte:

> Hoje não basta contemplar os resultados complexos produzidos por uma substancia medicamentosa ou toxica; a sciencia therapeutica tonou-se mais exigente; chamando em seu socorro as sciencias physico-chimicas, sciencias chamadas acessórias, mas indispensáveis á medicina como as mathematicas o são á astronomia, explicará muitas cousas que não conseguia só pela physiologia[167].

Finalizando de forma sucinta essa parcela mínima da narrativa do Dr. Monteiro no que diz respeito às contribuições do Sr. Pasteur, cabe pontuar que os relatos aqui transcritos e outros que compõem esta publicação biográfica pautam-se na perspectiva do progresso científico legado aos seres humanos. Desse modo, almeja-se que deles façam bons usos e contribuam cada um em sua respectiva área do conhecimento, com o fortalecimento da ciência, de modo a proporcionar melhor qualidade de vida aos indivíduos que porventura venham a necessitar de algumas dessas descobertas alcançadas por aquele químico.

A respeito da trajetória do Dr. Remédios Monteiro, Queiroz[168] aponta que o médico não se dedicara "[...] apenas à área da saúde, [...] também cuidando da Educação Popular, criando a Biblioteca Municipal de Feria de Santana. Preocupava lhe também a questão da escravatura". A autora complementa que o médico era um "Abolicionista convicto, [e que] escreveu em diversos jornais sobre o tema, tanto na Bahia quanto

---

166 MONTEIRO, Remédios. Pasteur e as suas doutrinas. *Gazeta Medica da Bahia*, Salvador, v. 14, n. 5, 1882. p. 209.

167 *Ibidem*, p. 212.

168 QUEIROZ, R. de C. R. de, 2006, p. 18.

no Rio de Janeiro e Santa Catarina"[169]. Esses dados apresentam um médico, um político e um cidadão que atuava de modo amplo na sociedade baiana, desde a capital ao interior da província, por meio da cidade de Feira de Santana, local que escolheu para viver e contribuir de todas as formas.

Estudos contemporâneos apontam que, na primeira metade do século XIX, médicos da Corte Imperial do Brasil, na cidade do Rio de Janeiro, assim como alguns médicos da Bahia, consideravam que algumas doenças estavam associadas a questões climatológicas específicas dos trópicos[170]. Desse modo, em outra perspectiva, médicos estrangeiros radicados na Bahia e alguns nacionais, adotavam o desenvolvimento observacional de algumas doenças de forma ativa, em particular, na população negra e pobre da sociedade que adentrava a Santa Casa de Misericórdia da Bahia, assim como o Dr. Silva Lima, que atuava nessa instituição e foi um dos criadores da GMB.

Desse modo, para além da narrativa em torno do químico Louis Pasteur, o Dr. Remédios Monteiro apresentou interesse particular em investigações direcionadas à tuberculose. Demonstrou em publicações do volume 16 referente ao ano de 1884 da GMB, como a concepção em torno do clima poderia ser compreendida por outro prisma, não mais como causador das doenças e sim como atenuante ou fortalecedor dos efeitos das enfermidades.

4.1.1.1 A teoria bacteriológica europeia e seus reflexos na Bahia

Esta etapa da pesquisa tem por objetivo a análise e discussão dos dados obtidos por meio das entradas de artigos no "Índice Cumulativo" da *Gazeta Medica da Bahia*, elaborado e publicado em 1984. Nesse sentido, adoto uma abordagem qualitativa de análise, de modo que a amostragem dos artigos contemple tanto a questão da identificação das causas da febre amarela, cóléra morbus e tuberculose, como o

169 *Ibidem*, p. 18.

170 EDLER, 2011.

desenvolvimento das pesquisas nacionais e internacionais acerca dessas doenças que assolaram diversos países, em especial o Brasil.

Por outro lado, a análise busca identificar os aspectos relacionados à Reforma do Ensino da Medicina no Brasil e ao incentivo ou à falta deste para o progresso científico, em particular na Bahia, a partir de meados do século XIX. Dessa forma, procura-se apontar os possíveis fatores que levaram aquela província e, depois, o estado da Bahia, a avançar timidamente em direção ao desenvolvimento da ciência médica, mais especificamente da bacteriologia e medicina experimental. Assim, destaco a relevância do estudo realizado por Oliveira[171], no qual busca discutir a Medicina e o Estado no período compreendido entre 1866 e 1896, exatamente a partir do ano de criação da GMB.

Os dados levantados revelam um interesse particular de alguns médicos localizados na Bahia para investigar e interagir no desenvolvimento de pesquisas científicas. No entanto, as dificuldades encontradas por alguns, em especial, médicos estrangeiros radicados naquela província, como o Dr. John Paterson e Otto Wucherer, denotam que as lutas e batalhas não estavam apenas relacionadas a divergências e controvérsias a respeito da identificação das causas e curas para doenças, mas também à condição de não brasileiros para alguns deles[172].

No limiar da segunda metade do século XIX, desponta na medicina baiana, para além da Faculdade de Medicina da Bahia, um conjunto de médicos dispostos a investir em uma abordagem mais voltada à observação e à experimentação. Desse modo, os casos clínicos passaram a ser discutidos, debatidos, publicados e direcionados ao progresso científico.

---

171 OLIVEIRA, Carlos Roberto. *Medicina e Estado* - Origem e desenvolvimento da Medicina Social no Brasil: Bahia 1866-1896. 1982. Tese (Doutorado em Medicina Social) – Universidade Estadual do Rio de Janeiro, Instituto de Medicina Social, Rio de Janeiro, 359 f, 1982.

172 PEARD, 1999.

Contudo as disputas científicas que ocorrem no campo científico, análise sustentada em Bourdieu[173], sugerem-na como um fator preponderante para o lento avanço da ciência na Bahia e a estigmatização dos médicos de origem estrangeira. Esses doutores possuíam outra visão de mundo, com um trânsito científico internacional, portanto, com um entendimento alinhado a perspectiva da medicina voltada para a microbiologia e experimentação que desabrochava na Europa, em especial na Alemanha e na França[174].

A criação da *Gazeta Medica da Bahia* e a iniciativa de alguns médicos naquela província, possibilitaram ampliar o raio de visão para questões de saúde e doença, incluindo na agenda política assuntos relacionados aos aspectos sanitários. Dessa forma, a discussão perpassou de modo particular pela higiene pública nacional, contando com a contribuição de pesquisas desenvolvidas em diversas partes do mundo, como na Europa, Estados Unidos e Cuba. Este último apresentou uma contribuição significativa no que compete à descoberta do agente transmissor da febre amarela, e publicações a esse respeito circularam na GMB.

De maneira geral, percebe-se que o advento da *Gazeta Medica da Bahia* favoreceu a discussão em torno da epidemia da febre amarela, enfermidade ocorrida de forma severa entre os anos de 1849 e 1850. Dessa forma, verifica-se nos primeiros números da GMB, em 1866, uma quantidade significativa de artigos publicados sobre aquela epidemia. Conforme já explorado anteriormente, médicos da Bahia tiveram um papel atuante e significativo nessa perspectiva, contudo, sem um amplo canal de comunicação, antes da criação da GMB, que pudesse alavancar o entendimento, desenvolvimento e avanços das pesquisas daquela localidade.

Identifica-se que artigos represados, ou mesmo publicados em outros canais de comunicação, seja nacional ou internacional, foram publicados na GMB. Com isso, buscava-se proporcionar aos médicos, tanto da Bahia quanto de outras províncias, ou mesmo

---

173 BOURDIEU, 2004.

174 CONI, 1952; OLIVEIRA, 1982.

estrangeiros residentes em países diversos e no Brasil, o acesso a essas informações. Assim, buscavam e incentivavam a publicação em uma perspectiva na qual almejavam.

Diversos médicos de outras províncias contribuíram com publicações na GMB, de modo que a seção de avisos e correspondências da revista aponta o recebimento de artigos e traduções que circulavam no periódico. O ano de 1878 foi marcado por múltiplas publicações na *Gazeta* que versavam a respeito da febre amarela em várias partes do mundo, tais como a febre amarela em Londres, Lisboa, no Texas, em Madrid e no Rio de Janeiro.

A *Gazeta Medica da Bahia* destaca-se por ser uma publicação voltada não apenas para uma discussão médica, de doenças e morbidades, mas também aponta aspectos políticos, educacionais, culturais e sociais da população local, nacional e internacional. Por essa razão, foram recuperados diversos artigos que perpassam por conferências e congressos realizados fora do Brasil, que de certo modo, contribuem para o aprimoramento médico e entendimento a respeito das enfermidades tratadas nesta pesquisa.

Por outro lado, o ano de 1880 foi marcado por diversas publicações a respeito da Reforma do Ensino Médico no Brasil. Nesse sentido, Dr. Pacífico Pereira, médico que se manteve na direção da GMB por quase 50 anos, entre 1876 e 1922, colaborou com publicações significativas para essa discussão. Desse modo, as pesquisas desenvolvidas por Malaquias[175] contribuem para a compreensão da bacteriologia na Bahia por meio dos artigos da GMB, e ele apresenta a trajetória de um dos médicos mais relevantes para o ensino médico baiano e nacional, para o periodismo científico e para o desenvolvimento da medicina na Bahia, exatamente o Dr. Pacífico Pereira. Assim, verifica-se que há uma perspectiva investigativa que privilegia compreender a existência e participação médica na

175 MALAQUIAS, 2012; MALAQUIAS, Anderson Gonçalves. *A trajetória profissional de Antônio Pacífico Pereira*: um estudo de caso sobre a concepção de medicina e ensino na Bahia (1862- 1922). 2019. Tese (Doutorado em Ciência, Tecnologia e Educação) – Centro Federal de Educação Tecnológica Celso Suckow da Fonseca, Cefet/RJ, Rio de Janeiro, 2019.

Bahia, que perpassa pela natureza da medicina e da educação para o desenvolvimento científico baiano.

Amplamente discutidos, publicados e recuperados na GMB, os assuntos de natureza educacional, ganham destaque no que compete ao ensino da medicina. Nesse ponto, percebe-se um debate significativo em torno da ausência de interesse e incentivo da área política legislativa no investimento para o avanço científico na Bahia, com a criação do Instituto Bacteriológico nessa região. No ano de 1894, é publicado um artigo com críticas severas ao poder legislativo baiano, referindo-se ao indeferimento da criação daquele Instituto na Bahia.

Os aspectos sociais e históricos embutidos nessa publicação revelam como o discurso daqueles médicos estava voltado ao exercício do desenvolvimento científico de forma abrangente, fazendo um contraponto com o desenvolvimento da ciência em São Paulo e a criação de um Instituto dessa mesma natureza naquela localidade. Nesse sentido, destaca-se uma passagem na qual o autor do texto, que não fica explícito, mas sugere-se que seja o Dr. Silva Lima, informa que:

> Há 17 annos, escrevendo nas páginas d'esta Gazeta alguns artigos acerca das reformas que reclamava nossa legislação sanitária, nos dirigimos ao Poder Legislativo pedindo a descentralização da hygiene administrativa, como meio de melhorar este ramo do serviço publico, sem duvida um dos mais importantes e talvez o mais atrasado de todos os que possuímos[176].

Essa primeira passagem do artigo já demonstra há quanto tempo a representação médica baiana estava dispensando esforços para que a higiene pública na Bahia fosse tratada de forma mais descentralizada, de acordo com o que se esperava de um serviço de saúde que atendesse a população de forma célere. Em nota de rodapé dessa mesma página, consta que desde 1877 a comunidade médica se dirigia às esferas políticas a fim de conseguir autorização para avançar de forma institucional nas investigações científicas.

[176] GAZETA MEDICA DA BAHIA, 1894, p. 531.

O artigo que trata da "Creação de um Instituto Bacteriologico no Estado da Bahia" apresenta-nos para além dos argumentos proferidos pelo autor, o relatório emitido pelos Deputados baianos e representantes médicos, Dr. Ramiro Azevedo, Dr. José Martins, Dr. Rodrigo Brandão, Dr. Rodrigues Teixeira e o Dr. Antonio Bahia, para que não haja dúvidas das reivindicações ali sustentadas. A negativa de criação do referido instituto se apresenta por duas ocasiões, tanto em maio de 1894, quanto em junho do mesmo ano, após uma interposição de recurso pelo Conselho Geral de Saúde Pública do Estado da Bahia no primeiro dia daquele mês[177].

Retrocedendo um pouco no tempo, percebe-se que nos anos de 1892, 1893 e 1894 ocorreram inúmeras publicações na GMB sobre varíola, febre amarela e cólera morbus. Desse modo, evidenciamos que a circulação das ideias em torno das epidemias versa para além da cólera na Europa, chegando a serem discutidas também as ocorrências na Índia. Esse fato demonstra um interesse de forma geral nas enfermidades, o que destoa das inferências levantadas por Queiroz[178], nas quais sugere que o interesse na cólera morbus se dera por questões relacionadas à projeção internacional dos médicos situados na Bahia, representados pelas publicações na GMB.

Em relação a essa movimentação discursiva em torno da cólera, destaca-se que não somente essa enfermidade, como também o beribéri teve um papel preponderante nos debates médicos. Esta última, conhecida por ser uma doença associada à desnutrição, acometia especialmente os negros escravizados, e também esteve presente no círculo e publicações médicas que tratavam de doenças que acometiam a população nos aspectos "[...] infraestruturais da Bahia no século XIX, [e] relações de produção a nível social, nacional e internacional"[179].

A respeito disso, Dr. Góes Sequeira[180] apresenta-se como um dos colaboradores mais assíduos no primeiro ano da GMB, no que

[177] *Ibidem*, p. 537.

[178] QUEIROZ, V. de J., 2017.

[179] OLIVEIRA, 1982, p. 126.

[180] SEQUEIRA, 1866a; 1886b, 1866c ou 1866d.

compete a discussões da epidemia do cólera morbus e higiene pública, com diversas publicações que contribuíram para o entendimento das formas de prevenção da doença epidêmica. As produções desse médico, como as de tantos outros, a exemplo do Dr. John Paterson, no que se refere à cólera morbus, contribuíram de forma significativa para a identificação da enfermidade, prevenção e tratamento da população acometida.

Ademais, foram evidenciadas nas páginas da GMB entre os anos de 1881 e 1900, diversas publicações a respeito da tuberculose. O levantamento realizado por Martinelli[181] apresenta 39 artigos escritos e publicados nesse periódico científico cujo tema seja a tuberculose, inclusive com menções à cidade de Feira de Santana, na Bahia. Dessa forma, percebe-se uma preocupação não apenas com a capital da província, mas também com localidades do interior com representação de médicos colaboradores da revista.

Dentre os médicos interessados na temática da tuberculose, aparece o Dr. Remédios Monteiro. Conforme aponta Queiroz[182], o médico prestou "[...] valorosos serviços à *Gazeta Medica da Bahia*, sendo seu redator a partir de 1876". Para além de outros textos escritos pelo proeminente médico, na edição da GMB referente ao volume 16, número 1 do ano de 1884, o Dr. Monteiro apresentou um artigo intitulado "A Feira de Sant'Anna como 'Sanatorium' da tuberculose pulmonar".

Nessa produção, o doutor descreve as características climáticas e topográficas da cidade, de modo que a considerava "[...] apropriada a uma residência fixa de verão e de inverso". O médico acrescenta que "A atmosfera [de Feira de Sant'Anna era] pura e agradável e por vezes sente-se-a embalsamada pelas emanações aromaticas do alecrim silvestre que viceja nos terrenos incultos das circumvisinhanças". Assim, Dr. Monteiro destaca que "A Feira de Sant'Anna [era] uma estação sanitária encantadora; alegre como o sol que a doura"[183].

---

181 MARTINELLI, 2014, p. 131.

182 QUEIROZ, R. de C. R. de, 2006, p. 18.

183 MONTEIRO, Remédios. A Feira de Sant'Anna como "*Sanatorium*" da tuberculose pulmonar. *Gazeta Medica da Bahia*, Salvador, v. 16, n. 1, 1884. p. 29.

O discurso adotado pelo médico no referido artigo destaca a cidade de Feira de Sant'Anna como um local que, além de possuir um clima favorável para a saúde, haja vista ter sido escolhida por ele mesmo como moradia, o que fica evidenciado no texto, possuía também "[...] facilidade de comunicação com a capital [Salvador] e a vantagem de uma vida confortável, de uma alimentação rica, de muito bom leite e excelente carne". Por outro lado, o médico apresentava as dificuldades vividas pela capital, Salvador, em um tom comparativo entre as duas cidades, no qual destaca que:

> As mulheres, os homens, as crianças enervadas, definhadas pela *malária urbana* da capital, sem moléstias caracterizadas, vigoram-se n'este clima [de Feira de Sant'Anna], aliás pouco conhecido e ainda não estudado por homens profissionais[184].

Por essa razão, Dr. Monteiro sugere um estudo mais aprofundado a respeito das "[...] condições thermicas, hygrometricas, anmologicas, altitude, etc". Desse modo, o sugestivo estudo visava apresentar a referida cidade como um espaço de recuperação para algumas enfermidades, em particular aquelas ligadas a questões pulmonares, como a tuberculose[185].

Observa-se que o médico radicado na maior cidade do interior da Bahia, descortinava em seu texto uma efetiva preocupação com o andamento dos estudos e das práticas relacionadas com a tuberculose pulmonar. Dessa forma, pontuou que "[...] os turberculos pulmonares [eram] a vergonha da medicina, o desespero da clinica diária, a macula negra do quadro therapeutico em todos os tempos passados e presentes". Assim, acrescenta que "[...] a moderna e importante descoberta do alemão Koch do microgermen da tuberculose não justifique uma therapeutica consoante a nova teoria: por emquanto esta therapeutica [faltava] realmente". Por fim, Dr. Monteiro constata que, "Todavia, nem todos os pathologistas admitem a doutrina parasitaria da tuberculose, baseados no modo de invasão e evolução da tuberculose"[186].

---

[184] *Ibidem*, p. 30..

[185] *Ibidem*, p. 30.

[186] *Ibidem*, p. 31.

Assim, parafraseando um renomado médico francês, Dr. Monteiro conclui que "A existencia do *bacillus tuberculosis* não é mais o produto de uma intuição mais ou menos feliz; o parasita foi visto, descripto, medido; está provado". Nesse sentido, o doutor acrescenta que

> [...] é possível encontra-se mais tarde os agentes antissépticos que tenham o poder de destruir, neutralizar ou suspender a atividade do organismo séptico, que parece ser a causa na origem e propagação da phthysica pulmonar[187].

Desse modo, o médico expõe que "A vereda nova por onde hade caminhar a futura therapeutica n'este morbo está traçada: uma nova era mais auspiciosa parece desenhar-se nos horizontes da sciencia"[188].

Nesse ponto, percebe-se uma nítida intenção do referido médico em estimular o desenvolvimento de investigações acerca da tuberculose por meio de uma perspectiva parasitária associada à terapêutica da enfermidade que avançava a passos lentos no Brasil. Assim, Dr. Monteiro aponta que:

> Emquanto pelo trabalho perseverante da observação microcospica e clinica, da experimentação dos meios antissépticos, se procura pacientemente chegar a um tratamento menos empírico, mas proveitoso, do que o até [então] empregado, aconselhe-se aos enfermos respirar um ar bem puro, em qualidade ilimitada, longe das cidades, fora do estreito contacto, perdoe-se-me a exageração, da humanidade[189].

O contexto discursivo do médico difere-se daquele adotado por seus pares de outrora, em especial, os que estiveram localizados na província do Rio de Janeiro em meados do século XIX, representados pela Academia Imperial de Medicina (AIM). Estes atribuíam as enfermidades ao clima e às alterações atmosféricas, assim como às emanações advindas do solo, dos rios e lagos, ideia conhecida como teoria miasmática[190].

[187] *Ibidem*, p. 31

[188] *Ibidem*, p. 31.

[189] *Ibidem*, p. 31.

[190] REGO, 2020.

Entretanto o que o Dr. Monteiro apresenta, ao citar a cidade de Feira de Sant'Anna como um refúgio em seu texto, é a possibilidade de minimizar os efeitos da tuberculose, posto que o causador da enfermidade já estava identificado como um microrganismo parasitário. Por meio da instalação dos doentes em um local "[...] longe da atmosfera marítima" como Feira de Sant'Anna, de clima quente e seco, distante do clima úmido de outras localidades, as chances de sobrevivência dos enfermos seriam ampliadas[191].

Percebe-se, portanto, que o Dr. Monteiro buscava encorajar os avanços dos estudos laboratoriais nas futuras ações a serem implantadas. No entanto, esses movimentos demandavam esforços para além das perspectivas médicas e sanitárias, exigindo um investimento político e econômico significativo.

Nessa perspectiva, Dr. Monteiro informa que "O clima de Feira de Sant'Anna só encontra rival nos Campos do Jordão na província de S. Paulo, situados quase a dous mil metros acima do nível do mar"[192]. Destarte, acrescenta que

> Não [tem] palavras para também exaltar devidamente o clima de Feira de Sant'Anna no tratamento de uma moléstia que por emquanto zomba dos esforços da sciencia, pois o tuberculoso [marchava] fatalmente para a sepultura[193].

Desse modo, o médico informa que "Quando desde cedo os tuberculosos procurarem a Feira notarão que a marcha da moléstia diminue ou para n'esta atmosfera oxigenada, n'esse ar puro, seco e refocilante". Pontua que, "[...] E se por acaso não se restabelecerem, os doentes gosarão ao menos de uma cura relativa". Por fim, destaca que "[...] O clima pode muito, mas não pode tudo, quer em relação à pathogenia quer em relação à hygiene prophylatica", o que de fato seria efetivo para a tuberculose seria a descoberta de uma substância inibidora do agente patológico[194].

[191] MONTEIRO, 1884, p. 32.

[192] *Ibidem*, p. 33.

[193] *Ibidem*, p. 33.

[194] *Ibidem*.

Após uma longa trajetória dedicada a investigar doenças dessa natureza, Queiroz[195] acrescenta que "[...] em Feira de Santana Doutor Remédios viveu seus últimos anos de vida, falecendo em 4 de julho de 1901". Além disso, "Nesta cidade tornou-se um defensor dos serviços de saneamento básico". O Dr. Remédios Monteiro

> [...] dedicou-se à vida política, sendo vereador de 1886 a 1890. Preocupado também com a educação e a cultura do povo feirense, foi responsável pela construção da biblioteca pública municipal[196].

Nessa perspectiva investigativa em torno da tuberculose, observa-se que há na GMB, estudos publicados a respeito das pesquisas desenvolvidas pelos Dr. Koch, Dr. Holstein e o Dr. Lencastre a respeito dessa doença, causada por uma bactéria, e estudos relativos à cólera, de modo a subsidiar as investigações sobre a bacteriologia realizadas na Bahia. O primeiro destes, o Dr. Robert Koch, tem o seu nome gravado na História como o descobridor do bacilo da tuberculose em 1882, para além de outras contribuições acerca da cólera[197].

Há ao menos uma dezena de publicações que englobam escritos do Dr. Rudolf Virchow, proeminente médico patologista alemão; Dr. Robert Koch e Dr. Joseph Lister, disponibilizadas nas páginas da *Gazeta Medica da Bahia* no período compreendido neste livro. O último destes, o Dr. Lister, revolucionou a medicina ao adotar o método antisséptico cirúrgico[198], que se refere à eliminação de germes, vírus e bactérias por meio da higienização e esterilização das mãos utilizando-se de produtos químicos apropriados.

Desse modo, Dr. Silva Lima, um dos criadores e redatores da GMB, apresenta a importância do trabalho desenvolvido por esses autores em um artigo intitulado "Patologia experimental: Lister

---

[195] QUEIROZ, R. de C. R. de, 2006, p. 23.

[196] *Ibidem*, p. 23.

[197] ASSUNÇÃO, Martina. Em 1882 era descoberto bacilo da tuberculose. *Revista História, Ciências, Saúde – Manguinhos*, 2013.

[198] CASA DE OSWALDO CRUZ. Instituto Adolfo Lutz. *Estudos superiores e de especialização*: Joseph Lister. Rio de Janeiro: Biblioteca Virtual em Saúde, [202-]. Disponível em: https://www.bvsalutz.coc.fiocruz.br/html/pt/static/trajetoria/origens/estudos_joseph.php. Acesso em: 22 jul. 2023.

e Koch", no ano 22, número 7, em janeiro de 1891. Nesse texto, o médico realiza uma introdução a um artigo que representa alguns discursos do Dr. Lister a respeito das descobertas do Dr. Koch sobre a tuberculose.

Por outro lado, também na sequência introdutória do Dr. Silva Lima, reproduz-se um texto do professor Robert Koch e mais um do professor Rudolf Virchow, que trata da mesma temática. Assim, o redator da GMB contribui com a circulação das ideias que estavam em vigor na Europa, traduzindo e publicando nas páginas da revista baiana as comunicações que se descortinavam sobre a tuberculose no Velho Mundo. Como fica evidente nas palavras do Dr. Silva Lima, essa ação tinha por objetivo "[...] prestar serviços aos leitores, a quem não sejam porventura accesiveis os órgãos da imprensa medica inglesa que a publicaram em Dezembro ultimo"[199].

Ao apontar a importância da descoberta do Dr. Koch no que compete à medicação para a tuberculose, Dr. Silva Lima expõe que esta se deve à "[...] sofreguidão dos médicos em o conhecerem, a ansiedade dos enfermos em gozarem das suas prometidas e anunciadas vantagens"[200]. Assim, acrescenta que

> [...] a comunhão de elevados sentimentos humanitarios aproximaram dous dos mais eminentes homens do século, o creador da asepsia cirurgica, e o descobridor dos bacilos do cholera e do tubérculo, e inventos do novo tratamento da tuberculose[201].

De certo modo, a ascensão de Robert Koch no que compete à descoberta do bacilo causador da tuberculose, está diretamente relacionada a questões de política governamental, voltada ao investimento e ao desenvolvimento científico na Alemanha entre as décadas de 1870 e 1880. De acordo com Richard Adler, biógrafo do Dr. Koch, a França foi ultrapassada pela Alemanha, que se tornou um "[...] centro de pes-

---

[199] LIMA, Silva. Patologia experimental: Lister e Koch. *Gazeta Medica da Bahia*, Salvador, anno 22, n. 7, 1891. p. 306.

[200] *Ibidem*, p. 305

[201] *Ibidem*, p. 305.

quisa no novo campo da bacteriologia". Nesse sentido, o autor aponta que "[...] o apoio das ciências pelo governo alemão, tanto em termos de fornecimento de laboratórios de pesquisa quanto de financiamento do trabalho nesses laboratórios, desempenhou um papel fundamental", destacando que "[...] Koch recebeu grande parte desse apoio, e assim permaneceria quase até sua morte"[202].

Nesse ponto, o autor introduz uma discussão comparativa relacionada ao investimento destinado à ciência nos Estados Unidos, que se diferenciava da exercida na Alemanha. Assim, podemos transpor essa análise para uma política semelhante adotada no Brasil, de investimentos insatisfatórios para o desenvolvimento científico em praticamente todo o período oitocentista, em especial na província da Bahia.

De certa maneira, a medicina brasileira sofreu uma influência alemã, como demonstram os estudos realizados por Oliveira[203]. Dessa forma, Dr. Otto Wucherer, de descendência germânica, é apontado por diversos pesquisadores, como um personagem emblemático na história da medicina baiana. Assim, Gurgel, Carneiro e Coutinho[204] demonstram em seus estudos a importância da Bahia e apresentam o Dr. Otto Wucherer como "Um nome de destaque na História da Medicina Brasileira"[205]. Desse modo, acrescenta que, "Wucherer e seus pares dedicara-se a uma medicina voltada para a pesquisa da etiologia das doenças tropicais que acometiam as populações pobres do país, principalmente os escravos negros"[206].

Nessa perspectiva, as autoras informam que:

> Os trabalhos dos membros da Escola Tropicalista Baiana, baseados na observação clínica e na pesquisa

[202] ADLER, 2016, p. 8, tradução própria.

[203] OLIVEIRA, 1982.

[204] GURGEL, Cristina Brandt Friedrich Martin; CARNEIRO, Fernanda Carneiro; COUTINHO, Elaine Coutinho. Ciência no século XIX: a contribuição brasileira para a descoberta do agente etiológico da filariose linfática. *Revista de Patologia Tropical / Journal of Tropical Pathology*, Goiás, v. 39, n. 4, p. 251-260, 2010.

[205] *Ibidem*, p. 253.

[206] Peard, 1990, p. 146, tradução própria.

> anatomopatológica, apontaram um novo rumo para a medicina brasileira. Por esse motivo são considerados antecessores da medicina experimental, que se firmou no Brasil no limiar do século XX[207].

Desse modo, e após anos de continuidade das pesquisas desenvolvidas pelo Dr. Wucherer no que tange à filariose, mesmo depois da sua morte em 1873, somente

> Em 1921, reconhecida a importância das pesquisas realizadas na Bahia sobre a filariose linfática[208], o nome *Wuchereria brancroft* de seu agente patogênico foi finalmente aceito pela comunidade internacional[209].

A partir desse fato, percebe-se que a pesquisa na Bahia desenvolveu-se em várias frentes investigativas, no que compete à medicina e com os esforços desse grupo de médicos, que mesmo estando fora do circuito oficial de ensino da medicina, conseguiram alcançar êxitos atemporais.

Além disso, apresento os estudos realizados por Julyan Peard, que estudou a "Escola Tropicalista Bahiana" na década de 1990, e que destaca o Dr. Wucherer como um dos mais proeminentes médicos atuantes na Bahia na segunda metade do século XIX. A autora destaca que "[...] Wucherer, mais do que qualquer outro tropicalista, forjou a identidade do grupo, definiu seu programa de pesquisa, e tornou-o visível na imprensa europeia"[210]. Além disso, informa que:

> Wucherer trouxe para Salvador as mais novas ideias da medicina laboratorial e da parasitologia - conhecimentos adquiridos na Universidade de Tubingen, onde se formou – numa época em que a Alemanha começava a ter um papel de destaque na medicina laboratorial[211].

[207] *Ibidem*, p. 147, tradução própria.

[208] Também conhecida como elefantíase

[209] Gurgel, Carneiro e Coutinho, 2010, p. 257.

[210] Peard, 1990, p. 146, tradução própria.

[211] *Ibidem*, p. 147, tradução própria.

Por fim, a autora acrescenta que "Ele [Wucherer] foi particularmente influenciado pela marca da medicina alemã defendida por Rudolf Virchow", o mesmo que tanto influenciou o Dr. Robert Koch[212]. Contudo a morte do Dr. Wucherer aos 53 anos de idade, traria significativas consequências para o desenvolvimento do grupo de médicos criado na Bahia, sem, portanto, perder de vista o avanço rumo ao progresso das descobertas científicas da medicina, que contou com os contributos dos seus pares, como John Paterson e Silva Lima.

Adicionalmente, Ferreira apresenta um panorama da perspectiva investigativa de Peard, no qual destaca a presença da tríade de médicos formadora em um lócus de trabalho específico, o Hospital da Santa Casa de Misericórdia. Esse ambiente compensou a ausência daqueles doutores na Faculdade de Medicina da Bahia, e funcionou como o "laboratório" de que dispunham para a execução das investigações. Ademais, Ferreira aponta o suporte que alicerçava a visão epistemológica do grupo, a *Gazeta Medica da Bahia*, e destaca que, na opinião de Peard,

> [...] foi o bem mais sucedido e duradouro periódico médico privado brasileiro do século XIX, [e que] consolidou definitivamente o prestígio do grupo que passou a ter no periódico a sua principal referência institucional[213].

Diante desse contexto, observa-se uma diversificação considerável de assuntos médicos circulados pela GMB. Assim, a década de 1870 se destaca na revista por inúmeras publicações de artigos a respeito da febre amarela ao redor do mundo. Já na década de 1880, não foi diferente, porém com outra temática em voga. Além da tuberculose, a cólera morbus também adquiriu o seu lugar de destaque nas investigações, levantamentos, pesquisas, publicações e circulação dos acontecimentos na *Gazeta* referente a diversos países, nos mais variados continentes.

---

212 PEARD, 1999, p. 10, (tradução própria).

213 FERREIRA, 1996, p. 4.

O que se percebe por meio dos números publicados pelo periódico, é que existia uma discussão abrangente da literatura médica da época, sem privilegiar um ou outro médico e suas origens ou nacionalidades. Em qualquer local que estivesse sendo debatido um tema médico relevante, como as epidemias da febre amarela, cólera morbus, tuberculose e outras enfermidades, as páginas da *Gazeta Medica da Bahia* se faziam presentes para discutir e repercutir as investigações que estavam em curso na ciência médica internacional. Assim, os redatores da GMB buscavam consubstanciar a medicina brasileira com os debates mais relevantes da época.

Por outro lado, a historiografia em torno da GMB apresenta aspectos que a relaciona de forma acentuada à questão do racismo científico evidenciado nas décadas finais do século XIX e que adentrou o século XX de maneira pujante. Alguns médicos como o Dr. Raimundo Nina Rodrigues figuram no cenário nacional como representante da medicina baiana, associando-a em primeira instância ao debate ligado à criminologia e à medicina legal. Nesse sentido, autores como a historiadora e pesquisadora Lilia Schwarcz[214] discutem a perspectiva médica de cunho racista, ligada aos estudos relacionados ao povo negro, pelo prisma deste ser o legado baiano para a medicina brasileira.

A formação discursiva que circunda esse ponto de vista está envolta em questões associadas à população negra e à criminologia, apresentando a Bahia como o Estado que promoveu e evidenciou o racismo científico em âmbito local e nacional. De acordo com Orlandi[215], na formação discursiva de um indivíduo, "[...] o sentido não existe em si mas é determinado pelas posições ideológicas colocadas em jogo no processo sócio-histórico em que as palavras são produzidas". Assim, o debate que se segue, desconsidera todos os outros investimentos intelectuais, sociais, educacionais e científicos produzidos na Bahia a partir da segunda metade do século XIX, em particular, reproduzidos pela *Gazeta Medica da Bahia*.

---

[214] SCHWARCZ, Lilia Moritz. *O espetáculo das raças*: cientistas, instituições e questão racial no Brasil (1870-1930). São Paulo: Companhia das Letras, 2005.

[215] ORLANDI, 2015, p. 40.

Dessa forma, a pesquisadora Schwarcz[216] dissemina a tese de que discussões dessa natureza, tendo como pano de fundo o racismo científico, extrapolaram os muros da Faculdade de Medicina da Bahia e chegaram ao Rio de Janeiro, por meio de um intercâmbio editorial entre a *Gazeta Medica da Bahia* e a revista *Brazil Medico*, respectivamente associadas aos estados citados. Evidencia-se no discurso da historiadora, que nesta última, a perspectiva investigativa girava em torno das doenças epidêmicas e da higiene pública.

Assim, a autora da obra *Espetáculo das Raças: cientista, instituições e questão racial no Brasil (1870 – 1930)* aponta que:

> Tanto a Gazeta Medica da Bahia como o Brazil Medico caracterizaram-se não só pela grande difusão, como pela longa duração. Apesar das diferenças internas e das oscilações temáticas, algumas características comuns a ambas se revelam. Primeiramente, o intercâmbio acentuado de informações entre os dois órgãos. **Da Bahia vêm, prioritariamente, os estudos sobre "medicina legal" e, a partir dos anos 20, os ensaios sobre "alienação e doenças mentais". Do Rio de Janeiro**, por outro lado, partem os textos sobre "higiene pública", **os modelos de combate às grandes epidemias** que infectam a nação[217].

Observa-se nesse discurso uma manifestação comparativa acentuada entre o periódico editado na Bahia e a revista do Rio de Janeiro. De modo interpretativo, sugere-se que nos entremeios discursivos da autora evidencia-se o intuito de informar a predominância baiana negativa no que compete aos assuntos ligados a questões raciais. Por outro lado, essas observações se mostram de natureza sociológica incompatível com a medicina que de fato se constata na fonte mencionada, a *Gazeta Medica da Bahia*, ao longo de décadas de circulação, ao considerar a amplitude do alcance temático da GMB.

Assim, essa formação discursiva apresenta a subjetividade inerente dos pesquisadores de maneira geral. O momento histórico

---

[216] SCHWARCZ, 2005.

[217] *Ibidem*, p. 261, grifo próprio.

e historiográfico da publicação potencializava estudos voltados a temáticas relacionadas aos aspectos sociais que envolviam a medicina brasileira no final do século XIX. Por outro lado, percebe-se que a questão regional ainda influenciava o debate em torno da medicina baiana e da capital do país.

Observa-se que a representação da GMB como um periódico dotado de uma especialização, de viés negativo, aporta em outros trabalhos científicos, como foi o caso do trabalho desenvolvido por Ferreira[218]. O autor, ao apontar os estudos relacionados aos periódicos no século XIX, destaca a abordagem presente no trabalho doutoral da historiadora Lilia Schwarcz, escrito em 1992, no qual destaca que:

> Para abordar a vertente médica do pensamento racial a autora investigou os periódicos *Gazeta Médica da Bahia* e *Brazil Médico*, tidos por ela como os mais importantes do gênero no período histórico analisado. Schwarz destacou algumas características comuns ente a GMB e o BM. **A primeira, é uma certa especialização temática adquirida pelos dois periódicos ao longo de suas trajetórias**[219].

Vale salientar que essa "especialização" não ocorreu na GMB, visto o amplo arcabouço teórico e prático que perpassou pelas páginas da revista, particularmente na segunda metade no século XIX. De todo modo, Ferreira acrescenta que, na visão da historiadora, "A GMB priorizou os temas relacionados à medicina legal, enquanto o BM especializou-se nos temas relacionados à saúde pública"[220].

Cabe-nos advertir que, apenas para pesquisas de cunho especializado como o realizado pela historiadora, que trata de um tema próprio e limitado da medicina, pode-se aceitar e considerar que a GMB apresentava uma especialização dessa natureza. A proposta discursiva deste livro discorda dessa perspectiva, que em algum momento da História, associou a GMB a uma especialização ou descentralização do saber médico.

---

218 FERREIRA, 1996.

219 FERREIRA, 1996, p. 5, grifo próprio.

220 *Ibidem*, p. 5.

A *Gazeta Medica da Bahia* ficou conhecida como um canal de comunicação que versava a respeito de assuntos ligados às doenças tidas como de clima tropical, constituindo um grupo cujo estilo de pensamento se compatibilizava, criando um coletivo de pensamento, assim como nos demonstra Fleck e o seu entendimento de comunidade cientifica[221]. Por essa razão, no século XX passaram a ser considerados como formadores de uma "Escola Tropicalista Bahiana", o que não encontra nenhuma relação com a perspectiva racial apresentada pela autora, como força motriz na trajetória do periódico.

A Bahia, ainda no século XXI, segue sendo apontada por alguns investigadores em aspectos considerados inadequados para o progresso científico brasileiro. É inegável que houve publicações na GMB que abordavam a questão racial e outros temas ligados a essa perspectiva. Entretanto não foi uma temática que teve uma amplitude como os demais assuntos médicos de múltiplas naturezas que foram debatidas na *Gazeta*.

Apresentar esse periódico como um suporte para a disseminação do racismo científico, de modo genérico e sem as devidas ponderações quanto a todo o seu legado, reforça o argumento de que há uma distinção da ciência desenvolvida nas mais diversas regiões do país. Assim, por um lado, a Bahia é apresentada como representante do discurso racial, e por outro, o Rio de Janeiro é identificado como aquele lócus dotado de um discurso menos árido, em uma perspectiva social e histórica, como a higiene pública e o combate às epidemias.

Nota-se, portanto, um destaque para a figura emblemática do médico Nina Rodrigues, considerado por uma parcela da comunidade científica como pai da medicina legal brasileira, e que nas entrelinhas representa o racismo científico do Brasil. Nesse sentido, conforme apontado por Corrêa[222], há certa dificuldade de desvincular o personagem Nina Rodrigues das ideias que mobilizava e que se pautavam em aspectos antropológicos de natureza duvidosa. Dessa

---

[221] FLECK, 2010.

[222] CORRÊA, Mariza. *As ilusões da liberdade*: a escola Nina Rodrigues e a antropologia no Brasil. Bragança Paulista, BP: Edusp, 1998.

forma, complemento que tem sido igualmente difícil desassociar a perspectiva investigativa desse médico, suas ideias e produções, da trajetória da *Gazeta Medica da Bahia*, da qual fez parte por um breve período, entretanto, que não a representa na sua totalidade.

Esse médico, em verdade, desiste da perspectiva inicial da "Escola Tropicalista Baiana" por considerar que a Bahia não oferecia condições para o desenvolvimento de pesquisas daquela natureza. Assim, o referido doutor desistiu do projeto baiano de medicina endossada numa esfera parasitológica e bacteriológica, na qual chegou a ser um dos integrantes da ETB, que buscava o aprimoramento das pesquisas de cunho experimental[223].

Sendo assim, a investigação credita o reconhecimento da GMB a aspectos que estão para além das suas publicações do final do século XIX e início do século XX. Evidencia-se na literatura científica atribuída ao periódico baiano, que este se destacou no cenário local, nacional e internacional por meio de outras perspectivas temáticas, na qual a higiene pública também está incluída, atingindo uma esfera global de debate crítico e atento aos males que afligiam a população em geral.

4.2 Influência baiana na Medicina Experimental Brasileira

Um dos expoentes da medicina baiana no raiar do século XX foi o Dr. Clementino Fraga. Nascido na cidade de Muritiba, no Recôncavo Baiano em 1880, formou-se médico pela Faculdade de Medicina da Bahia em 1903, ingressando posteriormente como professor na mesma instituição em 1910[224]. Dados revelam que esteve em contato próximo com um dos mais proeminentes representantes da *Gazeta Medica da Bahia*, o Dr. Antonio Pacífico Pereira[225]. Este último, cofundador da GMB em 1866, ainda enquanto estudante de medicina, ficaria consagrado como o diretor mais longevo desse

[223] BARROS, 1998.

[224] FRAGA, Clementino. *Vida e obras de Oswaldo Cruz*. Rio de Janeiro: Editora Fiocruz, 2005.

[225] Fameb – Faculdade de Medicina da Bahia. *Clementino da Rocha Fraga* (15/09/1880 – 08/01/1971). Salvador, 2018.

periódico científico, tendo permanecido à frente da revista entre 1876 e 1920, ou seja, por quase 50 anos, período em que adoeceu, vindo a falecer em 1922.

Nessa perspectiva, o Dr. Clementino Fraga afirma que sua relação com o Dr. Pacífico Pereira transcendia a relação de mestre e discípulo. Para além desta, considerava-o como um amigo e nutria por ele forte admiração. Pontua ainda que tivera o privilégio de ter sido médico do Dr. Pacífico Pereira por algumas vezes[226]. As declarações do Dr. Fraga demonstram o quão próximo era do Dr. Pacífico e como, por conseguinte, este pode ter contribuído com o despertar de interesses médicos.

De modo geral, as temáticas que permearam a carreira do Dr. Fraga perpassaram por questões relevantes para o desenvolvimento do país e em particular pela medicina experimental. Dessa forma, o médico baiano avançou positivamente no que compete ao desenrolar da medicina experimental e da política na Capital Federal, Rio de Janeiro. De certa maneira, adicionou em sua bagagem os ensinamentos, experiências e conteúdos adquiridos na Bahia.

Além das inúmeras contribuições que trouxe para a medicina e política brasileira, o Dr. Clementino Fraga destaca-se pela sua aproximação também com um dos mais conceituados médicos brasileiros, perante a comunidade acadêmica, científica e sociedade em geral, que foi o Dr. Oswaldo Cruz. Assim, a participação desse médico no desenvolvimento da Ciência Brasileira é considerada por alguns pesquisadores como um marco da medicina científica nacional[227].

Uma das biografias do Dr. Oswaldo Cruz, escrita pela Dr. Clementino Fraga em 1972 e reeditada em 2005, apresenta um panorama da vida e obra daquele médico na Capital Federal. Revela, ainda, a relação do médico baiano junto àquele em diversos momentos das lutas travadas no que compete à questão do saneamento e higiene pública. Por outro lado, o biografado ficou notoriamente conhecido em virtude do desenvolvimento de vacinas, combate à febre amarela

226 FRAGA, Clementino. *Médicos Educadores*. Rio de Janeiro: A Noite Editora, 1941.

227 STEPAN, 1976.

e criação do instituto soroterápico em 1900, que no futuro levaria o nome de Fundação Oswaldo Cruz (Fiocruz).

Assim como biografou, o Dr. Clementino Fraga também fora biografado, e por ilustres mestres baianos, tais como: Clementino Fraga Filho; Raymundo Moniz de Aragão; Luís Vianna Filho; Afrânio Coutinho e Pedro Calmon, na obra intitulada *Clementino Fraga: itinerário de uma vida (1880–1971)*, publicada em 1980, tendo por primeiro autor o Dr. Afrânio Peixoto. No capítulo escrito por Pedro Calmon, este destaca que "A 'baianidade' não era em Clementino Fraga um argumento sentimental; era a sua forma de ser – fiel e suavemente – ele mesmo, nas suas raízes, na sua formação, na sua 'escola', no seu espírito[228]".

Outro ponto relevante diz respeito à existência do acervo da GMB na Biblioteca de Ciências Biomédicas da Fiocruz. De acordo com Rodrigues e Marinho[229],

> [...] a história do periódico científico no Brasil mostra que a produção dos jornais e revistas médicas, editadas durante o século XIX constituiu os pilares da institucionalização da ciência no país.

As autoras destacam que "[...] os periódicos científicos são classificados como raros tanto em virtude de sua antiguidade quanto por sua importância histórica e relevância como fonte de pesquisa"[230], incluindo nesse rol de documentos significativos e que tenham contribuído com o desenvolvimento daquela instituição, a *Gazeta Medica da Bahia*, disponível em quantidade significativa, no acervo da instituição.

Esse fato permite a conjecturar que as investigações publicadas na GMB estiveram presentes também nas pesquisas desenvolvidas por aquela instituição. Para além dos inúmeros periódicos estrangeiros e nacionais adquiridos pela Fundação Oswaldo Cruz (Fiocruz), a

[228] CALMON, Pedro. A 'Baianidade'. *In*: COUTINHO, Afrânio *et al*. *Clementino Fraga*: itinerário de uma vida (1880–1971). Rio de Janeiro: J. Olympio; Brasília: INL, 1980. p. 122.

[229] RODRIGUES, Jeorgina Gentil; MARINHO, Sandra Maria Osório Xavier. A trajetória do periódico científico na Fundação Oswaldo Cruz: perspectivas da Biblioteca de Ciências Biomédicas. *Revista História ciência saúde – Manguinhos*, v. 16, n. 2, 2009. p. 526.

[230] *Ibidem*, p. 526.

GMB desponta como uma das revistas científicas classificadas como periódico científico raro e de importância para a história da medicina no Brasil.

Nesse sentido, Edler[231] aponta em seu estudo historiográfico a respeito da medicina do século XIX, como algumas vertentes investigativas enalteceram o grau de desenvolvimento científico brasileiro em favor da instituição de Oswaldo Cruz, em detrimento aos aspectos científicos existentes na medicina do século XIX. Ao levantar alguns estudos realizados na esfera da medicina brasileira e sua institucionalização, Edler[232] aponta as pesquisadoras Stepan[233] e Luz[234] como defensoras de uma historiografia que privilegia a institucionalização da medicina brasileira a partir da criação do Instituto Soroterápico Federal em maio de 1900.

Assim, em 1902, o médico Oswaldo Cruz assume a direção da instituição e esta posteriormente passa a ser denominada de Instituto Oswaldo Cruz e atualmente é conhecida como Fundação Oswaldo Cruz (Fiocruz)[235]. Desse ponto de vista, Edler[236] acrescenta que na concepção de Luz[237]:

> O esquema proposto interpreta a teoria miasmática sobre a causa das doenças como hegemónica nos aparelhos ideológicos do Estado - a Academia Imperial de Medicina, a Junta Central de Higiene pública e as faculdades de medicina - posto que esteve ligada aos interesses escravistas do capital agro-exportador. O outro modelo de medicina "experimental e biologicista", centrado numa etiologia ontológica, defendido pelos médicos parasitologistas que se articularam em torno da Gazeta Medica da Bahia (1866-1915), não encontraria acolhida nas instituições oficiais,

231 EDLER, Flávio. A medicina brasileira no século XIX: un balanço historiográfico. *Revista Asclepio*, v. 50, n. 2, 1998.

232 *Ibidem.*

233 STEPAN, 1976.

234 LUZ, Madel Therezinha. *Medicina e ordem política brasileira*: políticas e instituições de saúde (1850-1930). Rio de Janeiro: Edições Graal, 1982.

235 História do Instituto disponível em: https://portal.fiocruz.br/historia. Acesso em: 23 jul. 2023.

236 EDLER, 1998.

237 LUZ, 1982.

> revelando a posição subalterna da burguesia industrial baiana a que estes médicos intelectuais orgânicos estariam vinculados[238].

Essa declaração descortina uma interferência política e ideológica em torno do desenvolvimento da medicina desenvolvida na província da Bahia em meados do século XIX. Dessa forma, Santos[239] aponta em seus estudos a respeito de dois médicos paulistas, pai e filho, formados em Faculdades de Medicina distintas, o primeiro na Bahia e o segundo no Rio de Janeiro, como a convivência com os intelectuais e médicos dessas localidades especificamente, contribuíram para o arcabouço teórico e experimental na vida profissional e pessoal de cada um deles de maneira diferente.

O desenvolvimento científico no Brasil oitocentista, seja na Bahia, Rio de Janeiro ou São Paulo, estaria associado também a um aspecto econômico[240]. Em se tratando da presença da imigração inglesa e alemã, que estaria amplamente associada, respectivamente, à condição de permanência dos médicos John Paterson e Otto Wucherer, expoentes da medicina experimental na Bahia, Santos[241] aponta que essas comunidades não teriam contribuído de forma significativa para a economia local e nacional, como foi evidenciado com a imigração italiana em São Paulo, contribuindo para o desenvolvimento de instituições ligadas à medicina biomédica.

Nesse ponto, Santos acrescenta que:

> [...] o fluxo de imigração para a Bahia, por ser muito reduzido, não tinha impacto sobre a economia do estado ou sobre a economia nacional, como iriam ter os imigrantes europeus quarenta ou cinquenta anos mais tarde sobre as regiões cafeeiras de São Paulo. [...] os imigrantes, junto com um meio econômico e cultural vigoroso, geraram instituições robustas de ciência e um modelo para o sistema nacional de saúde pública no Brasil. Essas condições estavam

---

238 *Ibidem*, p. 173.

239 SANTOS, 2009.

240 *Ibidem*.

241 *Ibidem*.

> ausentes na Bahia. Na verdade, em termos marxistas muito rudes, não havia "condições objetivas" para o desenvolvimento de ciência biomédica na Bahia[242].

No entanto, o que se evidencia é que a aversão aos médicos estrangeiros, de origem alemã e inglesa, residentes na Bahia, em particular pela elite médica local situada na Faculdade de Medicina da Bahia[243], dificultou a ascensão da medicina experimental naquela província. Observa-se na análise dos dados levantados na GMB, que as condições favoráveis foram negadas ao desenvolvimento da medicina experimental na Bahia, em especial, por meio da negativa e consequente ausência de um Instituto Bacteriológico da Bahia, debate destacado nas páginas da GMB.

No que compete ao investimento da medicina baiana em investigações ligadas a patologias de origem parasitária e bacteriológica por meio de análises experimentais, Martinelli[244] destaca em seus estudos o quantitativo de publicações circuladas nas páginas da GMB no período compreendido entre 1866 e 1900. Esse dado quantitativo serve de parâmetro para a análise qualitativa desta pesquisa em particular.

Por meio desse levantamento realizado por Martinelli[245], é possível observar o tamanho dos esforços que foram realizados por médicos da Bahia. Por outro lado, diversos doutores de outras localidades buscaram contribuir de forma significativa com as pesquisas em torno da febre amarela, cólera morbus, varíola, higiene pública, tuberculose, bem como no desenvolvimento de uma análise crítica e reflexiva do ensino médico brasileiro.

Nesse sentido, como forma de situar a fundamentação da pesquisa, apresenta-se os dados quantitativos recuperados por Martinelli[246], de modo a explicitar o quão amplos foram os esforços empreendidos para que uma medicina observacional fosse desenvolvida nos moldes como vinha ocorrendo em países europeus, a exemplo da Alemanha. Dessa forma, destaca-se que somente para o assunto febre amarela e

---

242 *Ibidem*, p. 66.

243 SANTOS, 2009.

244 MARTINELLI, 2014.

245 *Ibidem*.

246 *Ibidem*.

cólera morbus, foram publicados 60 artigos para o primeiro tema e 64 para o segundo, demonstrando ser uma das maiores incidências dentre as enfermidades investigadas e com publicações originais e traduções na GMB, no período compreendido entre 1866 e 1900[247].

A autora ainda apresenta uma tabela significativa que destaca a participação dos médicos que compõem o núcleo fundador da GMB, ou seja, Dr. Otto Wucherer, Dr. John Paterson, Dr. Silva Lima e Dr. Pacífico Pereira, e suas participações nos temas relevantes para esta investigação. Dessa forma, Martinelli[248] aponta que os três últimos doutores aqui relacionados participaram ativamente dos temas relativos à febre amarela, à cólera morbus, à varíola, à higiene na Bahia e ao Ensino Médico no Brasil e na Bahia, que dentre outros assuntos de interesse investigativo desses médicos, publicaram mais de uma centena de artigos nas páginas da GMB, que sem dúvida contribuíram para o avanço das pesquisas em momentos posteriores do desenvolvimento da ciência no Brasil.

---

247 *Ibidem*, p. 81.

248 *Ibidem*, p. 80.

5

CONCLUSÃO

Esta investigação buscou identificar, analisar e discutir as contribuições de médicos da Bahia no século XIX, no que compete ao desenvolvimento do debate em torno de doenças epidêmicas e da medicina experimental brasileira. Assim, a pesquisa pautou-se no levantamento bibliográfico e documental, bem como empiricamente, por meio da *Gazeta Medica da Bahia*. Desse modo, intentou-se descortinar alguns fatores pelos quais os médicos reconhecidos na atualidade como os formadores de uma "Escola Tropicalista Bahiana", bem como a medicina baiana, não foram reconhecidos como participantes do desenvolvimento da prática experimental no Brasil, no raiar do século XX.

Na *Gazeta Medica da Bahia*, periódico científico criado pelo grupo de médicos tropicalista em 1866, que perdurou até 1934, foram recuperados alguns artigos que revelaram dados significativos quanto à presença e a participação médica em diversas temáticas na Bahia. A preocupação e atenção dispensadas por alguns médicos em torno das doenças tidas como próprias do clima tropical foram explicitadas em inúmeros textos. Essas enfermidades se tratavam de doenças causadas por alguns agentes etiológicos próprios e a divergência de diagnósticos entre os médicos da Bahia e aqueles representados pela Academia Imperial de Medicina se revelaria como uma das controvérsias prática e teórica de forte impacto na história da medicina brasileira.

A pesquisa buscou relacionar artigos estrangeiros traduzidos para as páginas da GMB com as publicações originais do periódico, como forma de demonstrar o grau de comprometimento dos redatores da revista com a socialização das informações produzidas em território europeu e o desenvolvimento de pesquisa semelhante no

Brasil. Assim, foram recuperados textos de médicos proeminentes como o Dr. Claude Bernard, pai da medicina experimental, e Robert Koch, descobridor do bacilo causador da tuberculose, além de artigos e comunicações de cunho introdutório ou investigativo, muitos de autoria do Dr. Silva Lima, acerca das doenças que circulavam e eram discutidas no periódico.

Por outro lado, foram evidenciados aspectos significativos no que tange à participação do médico Joaquim dos Remédios Monteiro no debate em torno da higiene pública e a tuberculose na cidade de Feira de Santana, no interior da Bahia. Assim, a presença desse médico no cenário político e social baiano aflorou algumas controvérsias na contemporaneidade que podem impulsar discussões futuras acerca da relação abolicionista do médico evidenciada na sua trajetória e pouco conhecida da comunidade científica.

Assim, considero que o desenvolvimento da pesquisa científica na Bahia não ocorreu de forma exitosa por razões de natureza política e econômica, com ênfase para a primeira. Fica evidente que a criação de um instituto de bacteriologia na Bahia foi por diversas vezes reprovada, de modo que comprometeu o início e consequentemente o avanço de experimentos mais robustos. A medicina experimental demandava laboratórios e equipamentos de alta qualidade, conforme só viria a acontecer no Brasil a partir da criação do Instituto Soroterápico Federal em 1900.

Por outro lado, pode-se perceber que a falta de investimento para ciência no século XIX, ao menos nas primeiras décadas, não foi uma prerrogativa apenas do Brasil. A biografia de Robert Koch aponta em uma perspectiva comparativa, que a ciência dos Estados Unidos da América também carecia de investimento nessa área. Diferentemente, a Alemanha investiu nas pesquisas do Dr. Koch, assegurando-lhe laboratórios e recursos necessários à execução das investigações acerca da bacteriologia.

Percebe-se que apenas após a Proclamação da República no Brasil, inicia-se um debate em torno da ciência, de certa maneira pautada pela higiene pública e pelo saneamento, elementos essenciais para a constituição de uma nação minimamente desenvolvida. O nacionalismo do período permitiu a constituição de algum aparelhamento adequado à iniciação de uma medicina considerada experimental no Brasil, no raiar do século XX. Desse modo, buscava-se combater as epidemias da febre amarela, peste bulbônica e cólera de forma vacinal, por meio da elaboração de estudos e pesquisas que potencializaram a perspectiva científica no país.

Por fim, foram apresentadas algumas interpretações historiográficas que perpassam pela literatura científica no que compete à associação das pesquisas desenvolvidas na Bahia, em particular, circuladas pela *Gazeta Medica da Bahia*, com pesquisas do Dr. Raimundo Nina Rodrigues relacionadas à criminologia e ao racismo científico. Essa relação mostra-se descontextualizada com a realidade da trajetória do periódico, o que ficou evidenciada nesta pesquisa, dada a amplitude e abrangência da *Gazeta* para tratar de múltiplos temas da medicina local, nacional e internacional. Assim, o livro apresenta diversas perspectivas de pesquisas que podem ser ampliadas, aprofundadas e contextualizadas, de modo a conferir os devidos graus de merecimentos e reconhecimentos às instituições, aos personagens e aos cenários que fizeram e fazem parte da história da medicina brasileira.

REFERÊNCIAS

ACADEMIA NACIONAL DE MEDICINA. *José Martins da Cruz Jobim*. Rio de Janeiro, [202-]. Disponível em: https://www.anm.org.br/jose-martins--da-cruz-jobim/. Acesso em: 3 fev. 2023.

ACCORSI, Giulia Engel *et al.* (org.). *História da Medicina*: transversalidades e interfaces entre sociedade, cultura e política. Salvador: Edufba, 2022. v. 4.

ADLER, Richard. *Robert Koch and American Bacteriology*. North Caroline, EUA: McFarland and Company, 2016.

ASSUNÇÃO, Martina. Em 1882 era descoberto bacilo da tuberculose. *Revista História, Ciências, Saúde – Manguinhos*, 2013. Disponível em: https://www.revistahcsm.coc.fiocruz.br/em-1882-era-descoberto-bacilo-da-tuberculose/. Acesso em: 9 maio 2023.

ATHAIDE, Johildo Lopes de. *Salvador e a grande epidemia de 1855*. Salvador: Centro de Estudos Baianos da Universidade Federal da Bahia, 1985.

BARRETO, Maria Renilda Nery; ARAS, Lina Maria Brandão de. Salvador, cidade do mundo: da Alemanha para a Bahia. *Revista História, Ciências, Saúde – Manguinhos*, Rio de Janeiro, v. 10, n. 1, 2003. Disponível em: https://www.scielo.br/j/hcsm/a/bPKP8kyRLCWzt6PmYnVhzBm/. Acesso em: 30 maio 2022.

BARROS, Pedro Motta de. Alvorecer de uma nova ciência: a medicina tropicalista baiana. *Revista História, Ciências, Saúde – Manguinhos*, Rio de Janeiro, v. 4, n. 3, p. 411-459, 1998. Disponível em: https://www.scielo.br/j/hcsm/a/pH5KwwDM8HHKDNBw568Phst/. Acesso em: 9 nov. 2022.

BASTIANELLI, Luciana (Compilação e pesquisa). *Gazeta Medica da Bahia (1866-1934 / 1966-1976)*. Salvador: Edições Contexto, 2002.

BASTOS, Filinto. Biographia: Dr. Joaquim dos Remedios Monteiro. *Revista do Instituto Geográfico e Histórico da Bahia*, Salvador, ano 5, v. 5, n. 17, p. 468-513, 1898. Disponível em: https://www.ighb.org.br/c%C3%B3pia-publica%C3%A7%C3%B5es-revista-1-20. Acesso em: 30 jul. 2023.

BECHIMOL, Jayme Larry. *Dos micróbios aos mosquitos*: febre amarela e a revolução pasteuriana no Brasil. Rio de Janeiro: Fiocruz; UFRJ, 1999.

BECHIMOL, Jayme Larry. *Febre amarela, a doença e a vacina, uma história inacabada*. Rio de Janeiro: Fiocruz; UFRJ, 2001.

BERNARD, Claude. *An Introduction to the study of experimental medicine*. New York: Henry Schuman, 1949.

BERTOLLI FILHO, Claudio. *História social da tuberculose e do tuberculoso*: 1900-1950 [online]. Rio de Janeiro: Editora Fiocruz, 2001.

BOURDIEU, Pierre. *Para uma Sociologia da Ciência*. Lisboa, Portugal: Edições 70, 2004.

BRAGA, Douglas de Araújo Ramos. A institucionalização da Medicina no Brasil Imperial: uma discussão historiográfica. *Revista Temporalidades*, Belo Horizonte, v. 10, n. 1, 2018. Disponível em: https://periodicos.ufmg.br/index.php/temporalidades/article/view/5943. Acesso em: 5 jul. 2022.

BRITTO, Nara. *Oswaldo Cruz*: a construção de um mito na ciência. Rio de Janeiro: Fiocruz, 1995.

CALMON, Pedro. A 'Baianidade'. *In*: COUTINHO, Afrânio *et al*. *Clementino Fraga*: itinerário de uma vida (1880–1971). Rio de Janeiro: J. Olympio; Brasília: INL, 1980.

CASA DE OSWALDO CRUZ. Instituto Adolfo Lutz. Estudos superiores e de especialização: Joseph Lister. Rio de Janeiro: Biblioteca Virtual em Saúde, [202-]. Disponível em: https://www.bvsalutz.coc.fiocruz.br/html/pt/static/trajetoria/origens/estudos_joseph.php. Acesso em: 22 jul. 2023.

CONI, Antônio Caldas. *A Escola Tropicalista Bahiana*: Paterson, Wucherer, Silva Lima. Bahia: Tipografia Beneditina Ltda, 1952.

COOPER, Donald B. Brazil's long fight against epidemic diseases, 1849-1917, with special emphasis on yellow fever. *Bulletin of the New York Academy of Medicine*, New York, v. 51, n. 5, p. 672-696, May 1975. Disponível em: https://www.ncbi.nlm.nih.gov/pmc/articles/PMC1749529/pdf/bullnyacadmed00161-0108.pdf. Acesso em: 10 jul. 2022.

COOPER, Donald. The New "Black Death": Cholera in Brazil, 1855-1856. *Social Science History*, v. 10, n. 4, p. 467-488, 1986. Disponível em: https://www.cambridge.org/core/journals/social-science-history/article/abs/new-black-death-cholera-in-brazil-18551856/AEFE85245F0A6EC5B230FE344D819569. Acesso em: 6 fev. 2023.

CORRÊA, Mariza. *As ilusões da liberdade*: a escola Nina Rodrigues e a antropologia no Brasil. Bragança Paulista, BP: Edusp, 1998.

COUTINHO, Afrânio *et al. Clementino Fraga*: itinerário de uma vida (1880–1971). Rio de Janeiro: J. Olympio; Brasília: INL, 1980.

DAVID, Onildo Reis. *O inimigo invisível*: epidemia na Bahia no século XIX. Salvador: Edufba, 1996.

EDLER, Flávio. A medicina brasileira no século XIX: um balanço historiográfico. *Revista Asclepio*, v. 50, n. 2, p. 169-186, 1998. Disponível em: https://asclepio.revistas.csic.es/index.php/asclepio/article/view/341. Acesso em: 5 maio 2023.

EDLER, Flávio Coelho. A Escola Tropicalista Baiana: um mito de origem da medicina tropical no Brasil. FIOCRUZ. *Revista História, Ciência, Saúde – Manguinhos*, Rio de Janeiro, v. 9, n. 2, 2002. Disponível em: https://www.scielo.br/j/hcsm/a/jkzw6Q98SLFLYKNkR3cbQPh/abstract/?lang=pt. Acesso em: 27 abr. 2023.

EDLER, Flávio. *A Medicina no Brasil Imperial*: clima, parasitas e patologia tropical. Rio de Janeiro: Fiocruz, 2011.

Fameb – Faculdade de Medicina da Bahia. **Clementino da Rocha Fraga** (15/09/1880 – 08/01/1971). Salvador, 2018. Disponível em: http://www.fameb.ufba.br/filebrowser/download/72. Acesso em: 16 mar. 2023.

FERREIRA, Luiz Otávio. Das Doutrinas à experimentação: rumos e metamorfoses da medicina no século XIX. *Revista da Sociedade Brasileira de História da Ciência*, Rio de Janeiro, n. 10, p. 43-52, 1993. Disponível em: https://www.sbhc.org.br/arquivo/download?ID_ARQUIVO=261. Acesso em: 20 jul. 2023.

FERREIRA, Luiz Otávio. *O nascimento de uma instituição científica*: o periódico médico brasileiro da primeira metade do século XIX. 1996. Tese (Doutorado em História) – Faculdade de Filosofia, Letras e Ciências Sociais, Universidade de São Paulo, São Paulo, 1996. Disponível em: https://www.arca.fiocruz.br/handle/icict/26436. Acesso em: 9 abr. 2023.

FLECK, Ludwik. *Gênese e desenvolvimento de um fato científico*. Belo Horizonte: Fabrefactum, 2010.

FORTUNA, Cristina Maria Mascarenhas. Memórias da Participação da FMB em Acontecimentos Notáveis do Século XIX. *In*: MEMÓRIAS HISTÓRICAS DA FACULDADE DE MEDICINA DA BAHIA 1916–1923 e 1925–1941. Anexo 1. Salvador, 2012. Disponível em: https://repositorio.ufba.br/bitstream/ri/24837/4/Anexo%201.pdf. Acesso em: 6 fev. 2023.

FOUCAULT, Michel. *O Nascimento da Clínica*. Tradução de Roberto Machado. 7. ed. Rio de Janeiro: Editora Forense, 2021.

FRAGA, Clementino. *Médicos Educadores*. Rio de Janeiro: A Noite Editora, 1941.

FRAGA, Clementino. *Vida e obras de Oswaldo Cruz*. Rio de Janeiro: Editora Fiocruz, 2005.

FRANCO, Odair. *História da febre amarela no Brasil*. Rio de janeiro: GB, 1969.

GAZETA MEDICA DA BAHIA. Salvador, 1866 a 1976. Disponível em: https://gmbahia.ufba.br/index.php/gmbahia. Acesso em: 18 nov. 2023.

GAZETA MEDICA DA BAHIA. Aos Médicos Deputados: Reformas necessárias á legislação sanitária, e ao ensino medico. Salvador, anno. 9, n. 1; 3; 4; 5; 8, p. 1-6; 96-105; 145-151; 193-199; 337-346. 1877. Disponível em: https://gmbahia.ufba.br/index.php/gmbahia/article/viewFile/162/153; https://gmbahia.ufba.br/index.php/gmbahia/article/viewFile/161/152; https://gmbahia.ufba.br/index.php/gmbahia/article/viewFile/163/154; https://gmbahia.ufba.br/index.php/gmbahia/article/viewFile/165/156; https://gmbahia.ufba.br/index.php/gmbahia/article/viewFile/167/158. Acesso em: 17 nov. 2023.

GAZETA MEDICA DA BAHIA. Creação de um Instituto Bacteriologico no Estado da Bahia. Salvador, anno. 25, n. 12, 1894. p. 531-540. Disponível em: http://gmbahia.ufba.br/index.php/gmbahia/issue/view/421. Acesso em: 4 fev. 2023.

GOMES, B. A. As epidemias nos asylos da ajuda dos orphãos das victimas da febre amarella e cholera-morbus nos annos de 1860-1864. *Gazeta Medica da Bahia*, anno 1, n. 6; 7; 9, 1867. p. 70-72; 79-80; 104-106; 116-19. Disponível em: https://gmbahia.ufba.br/index.php/gmbahia/article/viewFile/24/18; https://gmbahia.ufba.br/index.php/gmbahia/article/viewFile/25/19; https://gmbahia.ufba.br/index.php/gmbahia/article/viewFile/26/20; Acesso em: 12 maio 2023.

GURGEL, Cristina Brandt Friedrich Martin; CARNEIRO, Fernanda Carneiro; COUTINHO, Elaine Coutinho. Ciência no século XIX: a contribuição brasileira para a descoberta do agente etiológico da filariose linfática. *Revista de Patologia Tropical / Journal of Tropical Pathology*, Goiás, v. 39, n. 4, p. 251-260, 2010. Disponível em: https://revistas.ufg.br/iptsp/article/view/13060. Acesso em: 8 abr. 2023.

HISTÓRIA de Louis Pasteur. [*S. l.*: *s. n.*], 1936. 1 vídeo (85 min). Publicado pelo canal Canal Química no Brasil. Disponível em: https://www.youtube.com/watch?v=QOXpU-gAiV8. Acesso em: 20 jul. 2023.

LIMA, Silva. Patologia experimental: Lister e Koch. *Gazeta Medica da Bahia*, Salvador, anno 22, n. 7, p. 305-306, 1891. Disponível em: https://gmbahia.ufba.br/index.php/gmbahia/article/viewFile/533/520. Acesso em: 22 jul. 2023.

LUZ, Madel Therezinha. *Medicina e ordem política brasileira*: políticas e instituições de saúde (1850-1930). Rio de Janeiro: Edições Graal, 1982.

MALAQUIAS, Anderson Gonçalves. *Ciência, Educação e divulgação científica*: o nascimento da bacteriologia nas páginas da Gazeta Médica da Bahia (1866-1890). 2012. Dissertação (Mestrado em Ciência, Tecnologia e Educação) – Centro Federal de Educação Tecnológica Celso Suckow da Fonseca, Cefet/RJ, Rio de Janeiro. Disponível em: http://www.fiocruz.br/brasiliana/media/AndersonGoncalvesMalaquias.pdf?msclkid=e76a37d3ade811ec93fcb122feb93783. Acesso em: 5 abr. 2023.

MALAQUIAS, Anderson Gonçalves. *A trajetória profissional de Antônio Pacífico Pereira*: um estudo de caso sobre a concepção de medicina e ensino na Bahia (1862- 1922). 2019. Tese (Doutorado em Ciência, Tecnologia e Educação) – Centro Federal de Educação Tecnológica Celso Suckow da Fonseca, Cefet/RJ, Rio de Janeiro, 2019. Disponível em: https://sucupira.capes.gov.br/sucupira/public/consultas/coleta/trabalhoConclusao/viewTrabalhoConclusao.xhtml?popup=true&id_trabalho=7713623. Acesso em: 27 mar. 2022.

MARTINELLI, Maria de Fátima Mendes. *Comunicação científica em saúde*: a Gazeta Médica da Bahia no século XIX. Salvador, 2014. Dissertação (Mestrado em Estudos Interdisciplinares sobre a Universidade) – Instituto de Humanidades Artes e Ciências Prof. Milton Santos, Universidade Federal da Bahia, Salvador, 2014. Disponível em: https://repositorio.ufba.br/ri/handle/ri/15067. Acesso em: 12 abr. 2023.

MATTOSO, Kátia M. de Queirós; ATHAYDE, Johildo de. Epidemias e flutuações de preços na Bahia no século XIX. *In*: *L'histoire quantitative du Brésil, 1800-1930.* Paris, França: Centre National de la Recherche Scientifique (CNRS), 1973. p. 183-202. Disponível em: https://archive.org/details/hisquant1971bre. Acesso em: 3 fev. 2023.

MONTEIRO, Remédios. Vaccina. *Gazeta Medica da Bahia,* Salvador, v. 9, n. 9; 10; 11 e 12, p. 410-415; 454-460; 509-517; 546-554, 1877. Disponível em: https://gmbahia.ufba.br/index.php/gmbahia/article/viewFile/169/160; https://gmbahia.ufba.br/index.php/gmbahia/article/viewFile/170/161\; https://gmbahia.ufba.br/index.php/gmbahia/article/viewFile/171/162; https://gmbahia.ufba.br/index.php/gmbahia/article/viewFile/172/163. Acesso em: 21 maio 2023.

MONTEIRO, Remédios. Pasteur e as suas doutrinas. *Gazeta Medica da Bahia,* Salvador, v. 14, n. 3; 5; 6, p. 111-116; 203-212; 250-259, 1882. Disponível em: https://gmbahia.ufba.br/index.php/gmbahia/article/viewFile/228/219; https://gmbahia.ufba.br/index.php/gmbahia/article/viewFile/230/221; https://gmbahia.ufba.br/index.php/gmbahia/article/viewFile/231/222; Acesso em: 21 maio 2023.

MONTEIRO, Remédios. Pasteur e as suas doutrinas. *Gazeta Medica da Bahia*, Salvador, v. 15, n. 8; 9; 10 e 11, p. 341-347; 401-406; 454-458; 493-497, 1883. Disponível em: https://gmbahia.ufba.br/index.php/gmbahia/article/viewFile/387/375;

https://gmbahia.ufba.br/index.php/gmbahia/article/viewFile/388/376;

https://gmbahia.ufba.br/index.php/gmbahia/article/viewFile/389/377;

https://gmbahia.ufba.br/index.php/gmbahia/article/viewFile/390/378. Acesso em: 21 maio 2023.

MONTEIRO, Remédios. A Feira de Sant'Anna como *"Sanatorium"* da tuberculose pulmonar. *Gazeta Medica da Bahia*, Salvador, v. 16, n. 1, p. 29-34, 1884. Disponível em: https://gmbahia.ufba.br/index.php/gmbahia/article/viewFile/423/411. Acesso em: 21 maio 2023.

NASCIMENTO, Dilene Raimundo. *Fundação Ataulpho de Paiva* (Liga Brasileira contra a Tuberculose): um século de luta. Rio de Janeiro: Quadratim, 2002.

NASCIMENTO, Dilene Raimundo. *As Pestes do século XX*: tuberculose e Aids no Brasil, uma história comparada. Rio de Janeiro: Scielo - Editora Fiocruz, 2005.

NUNES, Fábio de Carvalho. *A mortalidade por tuberculose na cidade do Salvador*. Salvador: Secretaria de Educação e Saúde, 1949.

OLIVEIRA, Carlos Roberto. *Medicina e Estado* - Origem e desenvolvimento da Medicina Social no Brasil: Bahia 1866-1896. 1982. Tese (Doutorado em Medicina Social) – Universidade Estadual do Rio de Janeiro, Instituto de Medicina Social, Rio de Janeiro, 359 f. 1982. Disponível na Biblioteca de Saúde da Universidade Federal da Bahia.

ORLANDI, Eni P. *Análise de discurso*: princípios e procedimentos. Campinas, SP: Pontes Editores, 2015.

PASTEUR e Koch: duelo de Gigantes no Mundo dos Micróbios. [*S. l.*: *s. n.*]. 1 vídeo (95 min). Publicado pelo canal Saber Mais (2018). Disponível em: https://www.youtube.com/watch?v=f406c8rZ6xw. Acesso em: 21 jul. 2023.

PEARD, Julyan G. *The Tropicalist School of Medicine of Bahia, Brazil, 1860 - 1889*. 1990. Thesis (Ph.D. Latin American History) - Columbia University, New York, 1990.

PEARD, Julyan G. *Race, Place, and Medicine*: The Idea of the Tropics in Nineteenth Century Brazilian Medicine. London: London Duke University Press, 1999.

PEREIRA, Antonio Pacífico. As reformas do Ensino Medico no Brazil. *Gazeta Medica da Bahia*, Salvador, anno 15, n. 7; 9 e 12, 1884, p. 305-312; 401-4017; 545-450. Disponível em: https://gmbahia.ufba.br/index.php/gmbahia/article/viewFile/417/405; https://gmbahia.ufba.br/index.php/gmbahia/article/viewFile/419/407; https://gmbahia.ufba.br/index.php/gmbahia/article/viewFile/422/410. Acesso em: 12 maio 2023.

QUEIROZ, Rita de Cássia R. de. *A escrita autobiográfica de Doutor Remédios Monteiro*. Edição de suas memórias. Salvador: Quarteto, 2006.

QUEIROZ, Vanessa de Jesus. Debates e embates sobre ameaça e prevenção: a cholera-morbus na Gazeta Médica da Bahia em 1866. *In*: XXIX SIMPÓSIO NACIONAL DE HISTÓRIA - CONTRA OS PRECONCEITOS: HISTÓRIA E DEMOCRACIA, 29, 2017. Brasília. *Anais* [...]. Brasília: Universidade de Brasília, 2017. Disponível em: https://www.snh2017.anpuh.org/resources/anais/54/1502720096_ARQUIVO_TextoVanessa-PublicacaoSimposioNacionalANPUH2017.pdf. Acesso em: 8 fev. 2023.

REGO, José Pereira. *História e descrição da febre amarela epidêmica que grassou no Rio de Janeiro em 1850*. São Paulo: Chão editora, 2020.

RODRIGUES, Jeorgina Gentil; MARINHO, Sandra Maria Osório Xavier. A trajetória do periódico científico na Fundação Oswaldo Cruz: perspectivas da Biblioteca de Ciências Biomédicas. *Revista História Ciência Saúde – Manguinhos*, v. 16, n. 2, p. 523-32, 2009. Disponível em: https://www.scielo.br/j/hcsm/a/T76CcyKMHwznrfFTS9xyhhd/?lang=pt#. Acesso em: 5 maio 2023.

SANT'ANNA, Eurydice Pires de; TEIXEIRA, Rodolfo. *Gazeta Medica da Bahia*: Índice Cumulativo 1866-1976. Salvador: Faculdade de Medicina e Farmácia, 1984.

SANTOS, Luiz Antonio de Castro. A constituição de identidades médicas no Brasil pré-republicano: apontamentos sobre a clínica e a experimentação. *Revista Caderno de História e Ciência*, São Paulo, v. 5, n. 2, 2009. Disponível em: https://periodicos.saude.sp.gov.br/index.php/cadernos/article/view/35779. Acesso em: 20 jul. 2022.

SCHWARCZ, Lilia Moritz. *O espetáculo das raças*: cientistas, instituições e questão racial no Brasil (1870-1930). São Paulo: Companhia das Letras, 2005.

SCHWARTZMANN, Simon. *Formação da comunidade científica*. São Paulo: Ed. Nacional, 1979.

SEQUEIRA, Góes. Congresso sanitário Inter-nacional: - Nenhum representante por parte da medicina brasileira. *Gazeta Medica da Bahia*, anno 1, n. 1, 1866a. p. 3-7. Disponível em: https://gmbahia.ufba.br/index.php/gmbahia/article/viewFile/23/17. Acesso em: 12 maio 2023.

SEQUEIRA, José de Góes. Algumas considerações e conselhos preventivos contra a cholera morbus epidemica. *Gazeta Medica da Bahia*, anno 1, n. 5, 1866b. p. 59. Disponível em: https://gmbahia.ufba.br/index.php/gmbahia/article/viewFile/24/18. Acesso em: 12 maio 2023.

SEQUEIRA, José de Góes. Influência nociva das deseções coléricas: meios que convém empregar para neutralisar, ou evitar os seus efeitos. *Gazeta Medica da Bahia*, Salvador, anno 1, n. 6, 1866c. p. 64-67. Disponível em: https://gmbahia.ufba.br/index.php/gmbahia/article/viewFile/24/18. Acesso em: 12 maio 2023.

SEQUEIRA, Góes. Higiene Pública. *Gazeta Medica da Bahia*, Salvador, anno 1, n. 7, 1866d. p. 74. Disponível em: https://gmbahia.ufba.br/index.php/gmbahia/article/viewFile/25/19. Acesso em: 12 maio 2023.

SILVA, Aldo José Morais. *Natureza sã, civilidade e comércio em Feira de Santana*: elementos para o estudo da construção de identidade social no interior da Bahia (1833-1927). 2000. Dissertação (Mestrado em História) – Faculdade de Filosofia e Ciências Humanas, Universidade Federal da Bahia, Salvador. Disponível em: https://www.historiografia.com.br/tese/4212. Acesso em: 10 maio 2023.

SILVA, Elisa Lemos Nunes da. *Do centro para o mundo*: a trajetória do médico José Silveira na luta contra a tuberculose. 2009. Tese (Doutorado em História) – Programa de Pós-Graduação em História, Universidade Federal de Pernambuco, Recife, 2009. Disponível em: https://repositorio.ufpe.br/handle/123456789/7599. Acesso em: 14 nov. 2023.

STEPAN, Nancy. *Gênese e Evolução da Ciência Brasileira*: Oswaldo Cruz e a Política de investigação Científica e Médica. Rio de Janeiro: Artenova, 1976.